이기적 식탁

지은이 이주희

1판 1쇄 펴낸날 2009년 10월 19일
1판 6쇄 펴낸날 2013년 8월 15일

펴낸이 이영혜
펴낸곳 디자인하우스
서울시 중구 동호로 310 태광빌딩
우편번호 100-855 중앙우체국 사서함 2532
대표전화 (02)2275-6151
영업부직통 (02)2263-6900
팩시밀리 (02)2275-7884
홈페이지 www.design.co.kr
등록 1977년 8월 19일, 제2-208호

편집장 김은주
편집팀 장다운, 공혜진
디자인팀 김희정, 김지혜
마케팅팀 도경의
영업부 김용균, 오혜란, 고은영
제작부 이성훈, 민나영, 박상민
디자인 스트라이크디자인 www.strike-design.com
교정교열 권기원
출력·인쇄 중앙문화인쇄

ISBN 978-89-7041-527-7

값 13,800원

이기적 식탁

사치와.
평온과.
쾌락의.
부엌일기.

글·사진 이주희

designhouse

식탁을 차리기 전에

이 책은 잃어버린 기억 속의 맛과 따뜻한 마음이 담겼던 추억의 한 그릇 이야기로 코끝에 펀치를 날리는 감동의 음식 에세이도, 페이지가 모조리 각종 양념 묻은 손자국으로 얼룩질 만큼 유용한 밑반찬과 찌개 요리책도, 펴는 순간 침이 줄줄 흐르고 눈앞이 흐릿해지는 화려한 사진의 쿡 북 cook book도 아니다.

내 부엌을 가지게 된 후로 괜찮았던 컬렉션을 자랑하던 구두 선반 대신 그릇 선반이 더 컬러풀해지고, 옷장보다 냉장고가 더 붐비게 된 나의 '사치와 평온과 쾌락의 부엌 일기'다. 요리가 자기 수양과 명상의 시간처럼 스스로를 치료하는 시간이라는 그런 말은 그닥 나에게 와 닿지 않는다.

냉장고 안에서는 이름을 알 수 없는 버섯이 자라고 있지만 가스레인지 위에서는 코코뱅이 끓고 있고, 쌀이 떨어져 어쩔 수 없이 '냉장고에 굴러다니는' 고르곤촐라 치즈로 만든 소스에 '어제 잠이 안 와 만들어 놓은' 뇨키를 비벼 먹는 그런 '유희형 요리인'의 이야기이기도 하고, 동시에 눈앞에서 김이 모락모락 나는 한 접시에 흘리는 침보다 요리책의 레시피 한 글자, 사진 한 장에 흘리는 침이 더 많은 '푸드포르노 중독자의 고백'이기도 하다.

그러니 으레 말하는 '누군가에게 음식을 해 주는 기쁨' 따위는 안중에 없는 '이기적인 식탁'이 될 수밖에 없다.

이 편견 가득하고 막무가내인 에세이와 레시피가 당신을 요리의 세계에 빠뜨리고 부엌에서 헤어 나오지 못하게 만들지는 못할 것이다. 대신 언제, 어떻게, 뭘 먹으면 즐겁고 만족스럽고 재미있을지 그리고 섹시할지에 대한 힌트가 되기를 바란다. 그래서 부디 맛없는 음식으로 배를 채우고 나서 괴로워하는 일은 없어지기를. 또, 하루 세 끼가 모자라 화가 날 정도로 빽빽한 푸드 다이어리(혹은 식사 계획표)를 가지게 되기를.

이 쾌락주의자의 이기적인 식탁이 여기까지 오는 데 가장 큰 기여를 한 사람은 음식 따위는 아무래도 좋다는 내 애인이 아닐까 싶다. 간장게장에 도톰한 계란말이와 콩나물국, 깍두기만 있으면 세상 모든 음식이 사라져도 좋다는 내 사랑 봄 감독님에게 백 번쯤 (이상한 의미로) 고맙다고 말하고 싶다. 이다지도 먹는 걸 좋아하는 나에게, 식사는 귀찮은 저주라고 생각하는 소울메이트라니 참 우습게 절묘하다.

그리고 잘한다 잘한다 해 줘야 더 잘하는 날 꿰뚫고 늘 맛있다고만 해 주는 내 친구들에게도, 내 부엌을 가질 수 있도록 독립을 허락해 주신 부모님에게도 감사함을 전한다. 밤마다 고양이 집회를 열어 혼자만 맛있는 거 먹고 우리는 매일 똑같은 사료(나도 자주 못 먹는 유기농이라고!)만 주는 게 괘씸하다고 불평하고 있을 내 세 고양이들—씨씨, 메, 번개탄—도 잊으면 안 되겠지.

어쨌거나 오늘도 난 먹고 싶은 게 계속 생각날 뿐이다.

큰일이다.

10 A.M.

아침 10시를 위한 식탁

3 P.M.

낮 3시를 위한 식탁

8 P.M.

저녁 8시를 위한 식탁

1 A.M.

새벽 1시를 위한 식탁

Morning
table

10 A.M.

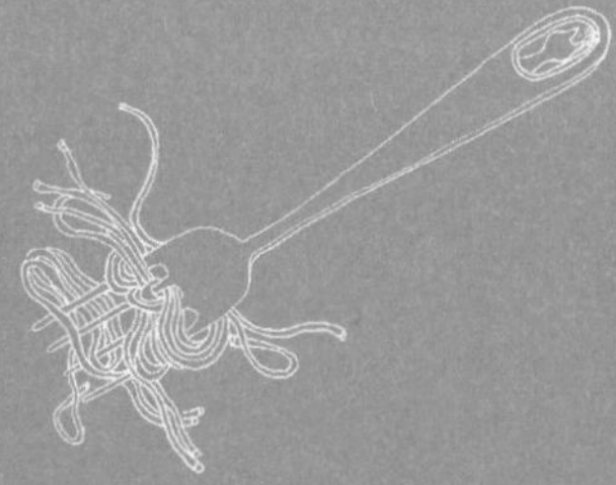

3 P.M.

10 A.M.

아침 10시를 위한 식탁

8 P.M.

01 유희형 요리인 / 끼니를 잘 때우는 한 그릇 레시피

02 섹스는 모닝섹스, 아침은 팬케이크 / 브렉퍼스트 판타지, 팬케이크

03 여자 잘 만난 프렌치토스트 / 그 이름이 아깝지 않은, 프렌치토스트

04 콜린 패럴을 닮은 북극곰 / 파트 타임 베지테리언의 하루 식단

05 낮술의 효용 / 해장의 발견, 똠얌꿍과 행오버스페셜

06 남자는 무쇠팬과 다를 바 없다 / 믿음직한 한 냄비, 이태리식 오믈렛 프리타타와 셰퍼드파이

07 안녕, 새벽 김밥 / 엄마 김밥의 맛

1 A.M.

유희형 요리인

끼니를 잘 때우는, 한 그릇 레시피

싱크대에는 아침의 설거짓거리가 그대로 쌓여 있다. 하얀 타일로 마감된 싱크대 벽에는 토마토소스부터 된장찌개, 김칫국물부터 믹서에서 튀어나간 초콜릿 반죽, 이태리 파슬리 조각, 딸기스무디까지 여기가 내 메뉴판이다. 내가 사랑해 마지않는 마법의 냉상고노 발반 사랑하는 서시 그 안을 열어보면 토마토와 파프리카가 말라죽어 가고 있는 동시에, 뭔지 모를 새 생명이 싹트고 있는 자연의 한 장면이 연출되고 있다. 좀 전에는 반쯤 물이 된 상추도 발견했다지. 자주 삶긴 하지만 빠는 데는 요령 없는 행주는 군데군데 김칫물과 토마토소스 물이 그대로 들어 있고, 수저통에는 말리지 않은 수저를 던져 넣는 바람에 물이 흥건하다.

요리를 좋아한다고 하면 사람들은 내 싱크대가 물 한 방울 없이 보송하고, 냉장고는 야채와 생선들이 꿈꾸는 신선 동산쯤 될 거라고 생각하는 경향이 있다. 싱크대의 수챗구멍은 당근과 샐러리스틱을 꽂아서 손님 앞에 내어도 될 만큼 깨끗할 거라고. 여러분, 내가 요리하는 건 냉장고와 싱크대가 아닌걸요. 요리와 살림은 별개랍니다. 진짜로요.

비단 냉장고와 싱크대뿐이 아니다. 양배추를 하나 산다고 가정해 보자. 〈서양골동양과자점〉 작가의 다른 만화 〈어제 뭐 먹었어?〉의 주인공이 하듯 양배추를 보는 순간 이걸 몇 끼에 어떤 메뉴로 모두 먹을 수 있을까 생각하며 맘속에 촤르륵 메뉴를 정리했을 것 같지? 천만에. 난 오코노미야키가 먹고 싶어서 양배추 한 통을 살 뿐이다. 머릿속엔 오코노미야키밖에 없다. 그 후에는 남은 양배추에 대해서 새까맣게 잊어버리고 마는 스타일인 것이다. 알뜰하게 값싸고 좋은 재료를 요리조리 깔끔하게 먹어치우는 똘똘한 식생활을 하는 저 주인공은 나한테는 닿을 수 없는 이상향 같은 거랄까. 고백하자면 나는 시금치 한 단이, 설탕 한 봉지

01

one bowl meal

가 얼마인지도 모르는 최악의 살림꾼이다. 그렇게 푸드 쇼핑을 즐기는데도. 라임이 집 앞 슈퍼에서는 한 알에 천오백 원인데, 길 건너 슈퍼에서는 이천 원인 건 알면서 말이다.

말하자면, 나는 유희형 요리인이다. 냉장고를 다섯 번쯤 열었다 닫았다 해도 마땅히 끌리는 메뉴가 없는 날은 빈속이 꾸르륵꾸르륵 백 번쯤 호통을 쳐야 간신히 컵라면 하나를 들이부어 준다. 그러고는 이제 만족하냐며 부른 배를 툭툭 두드려 주고는 난데없이 서너 시간쯤이 걸리는 장거리 레이스의 레시피를 꺼내 드는 타입이란 말이다. 그러니 먹다 남은 양배추의 지루한 존재 따위, 아무런 어필도 하지 못하고 쓸쓸히 잊혀져 갈 수밖에. 이 버릇, 버려야 할 텐데, 조금 걱정이 되긴 한다.

하지만 유희형 요리인이라고 해서 평범한 밥상 차리기가 싫다는 건 절대 아니다. 갓 지은 밥과 큰 반찬 한두 가지, 밑반찬들 그리고 국이나 찌개 하나로 이루어진 완벽한 세트를 만들어 내는 건 생각보다 훨씬 즐거운 일이다. 밥이 되는 20분 동안 반찬과 찌개를 완성해 내는 건 마치 혼자 즐기는 스포츠 같다. 밥이 다 되었을 때 반찬도 모두 완성되는 그 순간의 기분은 마치 좋은 기록으로 결승선의 테이프를 끊는 기분과 비슷하다.

이 밥상 레이스가 궁금하다면 다음을 약간 숨이 찰 속도로 리듬을 타며 읽어보자.
가장 먼저 냉장고에서 조기를 꺼내면서 잠시 냉장고에 뭐가 있는지 살펴놓는다. 조기에 칼집을 넣고 굵은 소금을 뿌려 그릴에 넣는다. '차르륵

12

유희형 요리인

섹스는 모닝섹스, 아침은 팬케이크
여자 잘 만난 프렌치토스트
콜린 패럴을 닮은 북극곰
낮술의 효용
남자는 무쇠팬과 다를 바 없다
안녕, 새벽 김밥

차르륵' 씻은 쌀을 전기밥솥에 안친다. 동시에 머릿속으로는 메뉴를 정한다. 냉장고에서 착착 필요한 재료들을 꺼내 조리대를 채운다.
이렇게 다 한꺼번에 꺼내놓는 것만으로도 왔다갔다 쓸데없는 움직임이 줄어든다. 멸치와 다시마를 던져 넣고 물을 끓인다. 된장찌개를 위한 육수다. 도마와 칼을 꺼낸다. 찌개에 들어갈 두부와 야채들을 썰어 한쪽에 가지런히 모아둔다. 오징어가 있기에 오늘은 오징어볶음. 프라이팬을 올리고 아까 따로 썰어놓은 볶음용 야채와 조금 녹은 오징어를 넣는다. 양념 선반을 활짝 열고 고춧가루부터 깨까지 양념을 뿌려가며 볶는다. 잠깐 오븐을 열어 생선을 뒤집어 준다. 육수가 끓기 시작한다. 다시마를 건져내고, 멸치는 따로 고양이들 먹으라고 다른 접시에 모아놓는다. 그새 멸치에 환장하는 셋째 고양이가 하나를 물고 간다. 된장을 풀고 두부며 야채를 붓는다. 두부는 나중에 넣는다든가 뭘 먼저 넣는다든가 하는 복잡한 룰은 모두 깡그리 무시한다. 귀찮잖아. 오징어볶음은 사이사이 뒤적여 준다. 된장찌개가 보글보글 끓기 시작하고 밥은 뜸만 들면 끝이다. 파를 쫑쫑 썰어 된장찌개 위에 뿌리는 걸 마지막으로 꺼내놨던 야채며 재료들을 주섬주섬 다시 냉장고에 넣는다. 동시에 밑반찬들을 꺼낼 차례. 양파 장아찌와 소고기 장조림, 그리고 된장 조금과 맵지 않은 고추를 작은 그릇에 옮겨 담아 식탁에 놓는다. 조리대 위에 생선구이와 오징어볶음을 위한 접시와 밥그릇을 늘어놓는다. 도마와 칼이 싱크대에 들어갈 때쯤 전기밥솥이 '땡' 하고 울린다. 찌개도, 오징어볶음도 완성이다. 그릴에 넣어놨던 생선도 먹음직한 갈색으로 바삭하게 구워졌다. 밥그릇에 밥을 퍼담고 식탁에 밥상을 차린다.
쉬지 않고 움직이는 20분짜리 밥상 레이스다. 정신을 살짝 떼어두고 약간 기계적으로 스테이지를 하나씩 리드미컬하게 클리어 해가야 하는 레이스. 이 밥상 차리기가 주는 즐거움이란 일을 깔끔하게 마무리하고 손을 탁탁 털며 일어날 때 느껴지는 개운함과 뿌듯함이다.
요리를 요리로 즐길 때는 그게 찌개 한 냄비와 밥 한 그릇이든, 화려하고 복잡한 3코스 디너든, 다다음주나 되어야 먹을 수 있는 마늘장아찌든 간에 모두 똑같이 즐겁다. 하나의 예술품처럼 자랑스럽기까지 하다. 그리고 이게 내 입에 들어갈 예정이라는 작은 보너스까지. 놀랍게도 왠지 전부일 것 같았던 '먹는다'의 즐거움과 의미는 생각보다 작다. 한창 음식을 '만드는' 데에 푹 빠지면, '먹는' 부분은 상대적으로 작아지는 순간이 생기거든. 입에 들어갈 목적이 아니라 만들고 있다는 것 자체를 순수하게 즐기는. 그런데 이 순수하게 즐거운 요리가 끼니가 될 때, 그때가 바로 문제다. 요리가 살림에 들어가고, 고픈 혀가 아니라 고픈 배만 있을 때 말이지.

목숨 바쳐 좋아하던 것도 일이 되면 어느새 싫어지고 마는 것처럼 '죽지 못해 먹는 거야, 먹기 위해 만드는 거야'라는 생각이 들기 시작하면 그 좋아하던 먹는 것도 곤욕이 되고 만다. "사람이 여섯 끼쯤 먹어야 하면 얼마나 더 많은 음식들을 만들고 먹어볼 수 있을까, 대체 누가 세 끼로 정한 거야"라며 투덜거리던 푸드러버는 온데간데없어지고 "알약이나 한 알 털어넣어서 한 끼가 해결되면 얼마나 좋을까"류의 저주 같은 말을 중얼거리게 될 정도로. 그러고 보면 정말 인간은 놀기 위해 태어난 동물임이 틀림없다. 일은 인간에게 내린 저주일지도 몰라. 그러네, 내가 유희형 요리인인 것도 어쩔 수 없는 거였구나.

끼니를 잘 때우는, 한 그릇 레시피

알약 하나를 삼키는 것보다야 조금 더 많은 품이 들긴 하지만, 라면보다 간단한 한 그릇 레시피들. 게다가 전부 짭조름하고 진한 맛이어서 입맛도 없고 끼니도 스트레스인 최악의 날에도 꽤 잘 넘어간다. 한 그릇 뚝딱 만들어 침대나 소파로 돌아와 시력에 좋다는 먼 산 보기를 하거나 의미 없는 텔레비전을 응시하며 먹으면 제격. 이건 식탁에 앉아 혼자 묵묵히 먹으면 너무 쓸쓸하고 처량 맞다.

참기름 간장비빔밥

01 달걀은 노른자는 익지 않은 서니사이드업으로 부친다. 성공적인 서니사이드업은 얼마나 기다릴 수 있는가에 달려 있다. 기름을 두른 팬에 달걀을 깨어 넣고 소금과 후추를 조금 뿌린다. 치이이익- 익고 있는 달걀을 그냥 둔다. 가끔 흰자 부분에 동그랗게 공기방울이 생기며 올라오면 그걸 톡톡 터트려 주는 정도. 흰자를 너무 완벽히 익히려고 하면 노른자도 익는다.

02 노른자 주변의 흰자가 아직 살짝 덜 익었을 때쯤 불에서 내리면 된다. 센 불 말고 중불이다. 노랗고, 주르륵 흘러내리는 노른자는 이 비빔밥의 포인트. 간장, 참기름으로 코팅된 탱글탱글한 밥알에 찐득한 노른자가 더해져야만 만점이다!

03 밥 한 주걱을 석석 비빌 수 있는 약간 큰 그릇에 담고 간장과 참기름을 부어준다. 밥의 양과 입맛에 따라 간장 양은 달라지니 조금씩 더 넣

참기름 간장비빔밥

+ 따뜻한 흰 쌀밥 1그릇
+ 참기름 반 숟가락
+ 간장 1숟가락 반
+ 통깨 약간
+ 반숙으로 익힌 달걀프라이

어가며 조절한다. 처음부터 많이 넣으면 덜어낼 수가 없다. 밥을 더 넣는 수밖에 없어 어느새 두 그릇 분량을 만들게 된다. 그러니까 처음에는 조금씩. 참기름은 너무 많이 넣으면 느끼하다. 향을 살짝 주는 정도. 여기에 통깨를 뿌려주면 고소함도 고소함이고 씹히는 게 있어서 더 맛있다.

04 잘 익은 김치나 깍두기 정도만 더해주면 끝. 잔소리가 길지만 "밥에 간장, 참기름, 깨 넣고 비벼서 계란프라이를 얹어 먹는다"가 끝이다. 딱 5분, 라면보다 쉽고 라면보다 낫다. 밥이잖아.

버터 간장비빔밥

01 흰 쌀밥이어야만 한다. 그것도 뜨끈뜨끈한. 사실 나는 이것 때문에 일부러 밥을 새로 하기도 한다. 참 별미다. 이건 일본식이다. 간장도 기코망 간장이면 더 맛있다. 향이 매우 다르다. 일본음식은 일본 간장으로.

02 흰 쌀밥을 그릇에 담고 버터를 올린다. 버터가 잘 녹도록 밥 한 숟가락을 그 위에 덮는다. 잠시 기다린다.

03 간장을 밥 위로 휘익 둘러준다. 숟가락으로 잘 비빈다. 버터의 고소하고 달콤한 향과 간장의 향이 기가 막히게 어울린다. 마가린은 안 된다, 꼭 버터다.

버터 간장비빔밥

+ **따뜻한 흰 쌀밥 1그릇**
+ **버터 1조각(엄지손가락 한 마디 정도)**
+ **간장 1숟가락 반**

달걀전 밥

01 달걀을 그릇에 잘 풀고 소금, 후추, 통깨로 간한다.

02 식은 밥을 달걀물에 섞는다.

03 그릇째 그대로 기름 두른 달군 팬에 올린다. 조금 예쁘게 만들고 싶은 마음이 있다면 조금 작게 나눠 부쳐도 좋다. 주걱이나 뒤집개로 꾹꾹 눌러서 전 모양으로 만들어 준다. 겉이 바삭하게 노랗게 잘 익을 때까지 구운 다음 뒤집어서 나머지 면도 구워준다.

04 와사비를 약간 푼 간장에 찍어 먹으면 꽤 맛있다. 한밤중 밤참으로도 그만이다.

파마잔 페퍼 파스타

01 파스타를 끓는 소금물에 삶는다. 물을 끓이는 시간까지 대략 10~13분쯤 걸리겠다.

02 파스타를 건져내고 그릇에 담는다.

03 뜨거울 때 파르미자노 레자노를 강판에 갈아 듬뿍 뿌린다. 파스타가 식기 전 재빨리 움직여야 한다. 피자를 먹고 남은 파마산 가루도

달걀전 밥

+ 그릇에 풀어놓은 달걀 1개
+ 소금, 후추, 통깨
+ 식은 밥 1그릇

파마잔 페퍼 파스타

+ 원하는 종류의 파스타 (넙적한 파스타를 추천)
+ 파스타를 삶을, 소금 넣은 끓는 물
+ 갓 갈아낸 파르미자노 레자노 (피자 먹고 남은 파마산 가루도 괜찮지만 맛이 많이 떨어진다) 한 줌 듬뿍
+ 갓 갈아낸 통후추 1스푼 듬뿍

괜찮지만 그 맛은 비교할 수 없다. 간단한 음식일수록 재료가 좋아야 하는 법.

04 통후추도 적당히 갈아서 뿌린다.

05 너무 뻑뻑할 테니 아까 파스타 삶은 물을 조금 뿌려준다. 그리고 잘 비빈다.

06 마치 크림소스로 코팅된 파스타처럼 보인다. 통후추 대신 레몬제스트(레몬 껍질의 노란 부분을 잘게 갈아낸 것)도 놀랄 만큼 잘 어울린다.

섹스는 모닝섹스, 아침은 팬케이크

브렉퍼스트 판타지, 팬케이크

내가 지금까지 본 것 중 가장 어이없던 카피는 우리 팀 CD 크리에이티브 디렉터가 말해준 '여자는 고추참치, 남자는 조개참치'였다. 세상에, 이게 옛날 사전심의를 통과했다니 믿을 수가 없다. 그 유명한 샤론 스톤의 "강한 걸로 넣어주세요"는 우스울 정도지 않은가. 최근 또 나를 배꼽 잡게 한 카피가 나왔으니 그건 한 남자 화장품 광고의 한 줄, "어젯밤, 그의 집에서 잤다. 그냥 잤다."

아니, 잤으면 잤지, 그냥 잔 건 뭘까. 게다가 남자의 하얀 셔츠에 맨다리를 내놓고 있으면서 그냥 잤다니 거짓말이 심하다. 케이블 TV에서 몇 년째 〈섹스 앤 더 시티〉를 대사를 외울 지경까지 재방송해줘 봤자 남는 건 "우린 그냥 잠만 잤어"라니, 이거 참 캐리 브래드쇼와 사만다 존스가 한국은 포기하겠으니 이제 그만 재방송을 멈춰 달라 할 판이다.

뭐, 그냥 잤든, 손만 잡고 잤든, 볼일이 많아 잠은 미처 못 잤든 진실이 무엇이든 그건 제쳐놓자. 정작 하고 싶던 이야기는 따로 있으니까.
이 광고는 영화와 드라마 등에서 수천만 번은 되풀이되어진 '애인과 함께 맞는 아침의 판타지'를 질리지도 않는지 또 한 번 보여준다. '주름 하나 없는 하얀 셔츠를 맨몸에 걸쳐 입고 매끈하고 긴 다리로 부엌에 걸어 나와 우아하게 커피 필터를 찾아 헤맨다'로 묘사되는 장면, 여기에 쏟아지는 햇살과 바람에 일렁이는 하얀 커튼도 있어야겠지? 0.001초의 상상도 필요 없이 그냥 눈앞에 그려지는 이 클리셰. 하지만, 이 모닝 판타지를 실현하는 데는 큰 문제가 있다는 걸 알고 있는가. 그건 입고 싶은 마음이 들지 않는 땀 냄새와 주름이 가득한 그의 하루 묵은 셔츠도,

내 길지도 매끈하지도 않은 다리도, 햇살도 안 들어오고 하얀 커튼도 없는 남자 냄새나는 더러운 원룸의 문제도 아니다. 이것은 모두 사이즈의 문제이다.

디스토피아든 유토피아든 간에 많은 SF 영화의 의상이 언제나 신축성이 매우 좋아 보이는 라텍스 같은 재질의 의상인 이유를 나는 얼마 전 깨달았다. 내가 죽고 난 후의 미래라는 게 안심스러울 정도로 민망한 이 미래 의상도 역시 이 사소한 '사이즈'의 문제에서 시작되었음을 말이다.
그 역사를 간단히 설명하자면 이렇다. 인터넷쇼핑몰에서 마음에 쏙 드는 옷을 발견하고 그 설명을 읽어본다. 모델은 매우 말라서 조금 낙낙하다며, 이 옷은 44 사이즈부터 66 사이즈까지 모두 '알맞게'맞는 프리 사이즈란다. 옷에 눈이 먼 나머지 그 말을 찰떡같이 믿고 주문했지만 그 결과는 늘 같다. 나는 88 사이즈쯤 되는 걸까? 라는 자괴감도 들기 시작한다. 21세기경 인터넷쇼핑이 바이러스처럼 퍼지면서 함께 동반된 이 문제는 그 후로도 오랫동안 끊임없이 되풀이되며 급기야는 사회문제로 주목되기 시작했다. 그러고도 또 한참이 지난 미래, 전 세계인들이 드디어 이 사이즈 문제가 결국은 인권의 문제라는 것을 자각하는 날이 오고야 말았던 것이다. 고작 사이즈로 인간의 존엄성과 감정을 무자비하게 짓밟는 것은 옳지 않다는 전 지구적인 시위가 시작되고, 결국 미래 사회의 지도자들도 이 사이즈 이슈를 더 이상 무시할 수 없게 된바 지구 인권위원회에 제소하게 된다. 그 결과 사이즈 때문에 차별받지도 않고, 자괴감을 느낄 일도 없는 '프리 사이즈'를 넘어선 '노 사이즈' 콘셉트를 바탕으로 한 평등한 의상 – 누구에게나 맞도록 한없이 늘어나는 관대한 의상 – 이 탄생하게 된 것이다! 아, 설득력 있지 않은가!
패션은 사라지고 신축성만 남은 미래라니, 지금 당장 안나 윈투어 **전설적인 미국 '보그' 편집장, 〈악마는 프라다를 입는다〉의 실제 모델** 와 앙드레 레온 탈리 **미국 '보그' 패션 에디터, 안나 윈투어의 오른팔** 가 선글라스를 집어던지며 이런 디스토피아를 맞이하느니 전 세계 보그인을 동원해 인터넷쇼핑몰의 사이즈 설명부터 직접 수정해야겠다며 나설지도 모르겠다.

어쨌거나 아직은 21세기, 우리의 평등한 미래의상이 아직 준비되지 않은 고로 그의 셔츠는 바닥에 널브러진 채 나에게 자기를 주워 입고 〈노팅힐〉의 줄리아 로버츠 같은 모습을 휴 그랜트 같은 애인에게 보여주라고 계속 유혹하고 있다. 그러나 사이즈가 고만고만한 한국 남자의 셔츠, 입어봤자다. 이게 마법의 셔츠도 아니고, 176cm에 꽉찬 66 사이즈인 나를 하얗고 사각사각한 셔츠에 푹 파묻힌 여리여리하고 사랑스러운 모습으로 만들어 줄 수 있을 리가 없다. 이건 내 엉덩이도 가릴락 말락이라고.

그러니 이쯤에서 절망스러운 이야기로 당신을 낙담시키는 것을 그만두고 사실 이 '아침의 하얀 셔츠 판타지'는 이 바닥에 갓 입문한 애송이들의 판타지일 뿐임을 귀띔해 주겠다. 이렇게나 많은 구멍이 있는 허술한 판타지가 옳을 리가 없지 않은가! 이보다 더 드라마틱하게 아침을 여는 법은 따로 있다. 게다가 이 편은 쉽기까지 하다. 그저 둘이 할 수 있는 가장 달콤한 일을 아침에 하면 되는 것뿐이다. 잠이 덜 깬 채로, 자다 깬 강아지처럼 부신 눈을 끔벅거리면서.

그렇다. '섹스는 모닝섹스'라는 이 유명한 한마디를 들어보았는가? (내가 한 말이라 못 들어봤을지도 모르겠다.) 바로 아는 사람은 다 안다는 최고의 '모닝 판타지'가 되겠다. "이게 꿈이야? 생시야?"라는 말이 뭔지 알게 될 것이다. 단, 여기에도 영화와는 다른 현실이 있으니 그것은 바로 아침 입냄새. 절대 잊지 말고 반드시 입은 꼭 다문 채 입술로만 뽀뽀해야 한다. 이것만 지킨다면 이보다 눈부신 아침은 찾기 힘들겠다. 눈은 뜨지도 않았는데 왜 눈이 부실까.

브렉퍼스트 판타지, 팬케이크

모닝섹스가 베스트 모닝 판타지라면, 팬케이크는 브렉퍼스트 판타지의 베스트 메뉴다.

팬케이크에서 팬케이크만큼이나 중요한 게 시럽. 꿀도 좋긴 하지만, 역시 메이플시럽이 최고다. 질 좋은 캐나다산 메이플시럽을 한 통 사다 놓으면 냉장고가 뉴욕 어퍼 이스트 사이드의 냉장고가 된 기분. 팬케이크에 어울리는 토핑은 자기 입맛에 달렸다. 딸기와 블루베리 같은 베리 종류부터 새콤한 오렌지나 자몽도 좋다. 달콤한 시럽과 균형을 맞추는 새콤한 과일뿐만 아니라 바나나도 잘 어울린다. 그리고! 빠지면 아쉽다. 바삭하고 짭조름한 베이컨. 달콤짭짤한 맛이 토핑의 최고봉이다.

여기에 커피와 딸기스무디나 좋은 오렌지주스를 곁들이면 이걸로 이 아침에 당신이 맛볼 두 번째의 달콤함이 모두 준비되었다. 이 팬케이크 한 조각을 입에 넣으면, 당신도 기꺼이 두 번째 오르가슴을 포기하고 대신 한 번의 오르가슴과 이 팬케이크 한 접시를 선택하겠다는 생각이 들고 말 것이다.

섹스는 모닝섹스, 아침은 팬케이크라… 아침, 점심, 저녁 대신 아침, 아침, 아침이면 얼마나 좋을까.

팬케이크

- **밀가루 1 1/2컵**
- **베이킹파우더 2티스푼**
- **설탕 1테이블스푼**
- **소금 한 꼬집**
- **녹인 버터 2테이블스푼**
- **달걀 1개**
- **우유 1 1/3컵**

01 밀가루, 베이킹파우더, 소금, 설탕, 녹인 버터(버터를 용기에 담고 전자레인지에 한 번 돌려서 기름처럼 녹인다), 달걀, 우유를 모두 넣고 믹서에 간다. 너무 오래 돌리지는 말자.

02 약간 손이 가는 다른 레시피로, 달걀을 노른자와 흰자로 분리한 다음 노른자는 믹서에 넣고 같이 갈아주고, 흰자는 머랭처럼 거품을 내서 나중에 살살 반죽과 섞어주기도 한다. 공기가 들어간 달걀 흰자가 팬케이크를 조금 더 폭신하게 만들어 주는 효과가 있다.

03 혹은, 버터밀크 팬케이크를 만들 수도 있다. 우유 대신 버터밀크를 쓰는 것. 버터밀크는 우리나라에서는 구할 수가 없다. 대신 우유에 식초나 레몬즙을 한 스푼 넣고 10분쯤 두어서 우유가 약간 몽글몽글해지는 것 같은 느낌이 들면 그걸로 반죽하면 된다.

04 하지만, 그저 1번의 가장 베이직하고 심플한 레시피가 최고다. 다해 봤지만, 1번이 제일 맘에 든다. 반죽에 너트류 또는 말린 크랜베리나 무화과 등 말린 과일류, 옥수수 알맹이나 초콜릿 조각을 섞어서 구워도 색다른 맛이 된다.

05 팬케이크를 가게에서 나오는 것처럼 먹음직한 갈색이 고루 나도록 구우려면 논스틱 프라이팬에 기름이나 버터를 두르지 않고 구워야 한다. 모양에 별로 관심이 없고, 버터를 광적으로 좋아한다면 팬에 버터를 듬뿍 녹이고 구워도 좋지만, 반반한 팬케이크를 원한다면 1번의 레시피처럼 버터는 녹여서 반죽에 넣고, 구울 때는 매끈한 논스틱팬에 굽는 게 좋다. 잘 달군 팬에 반죽을 한 국자 붓고, 불은 중불로 유지한다. 팬케이크 윗면에 뽕뽕뽕 공기방울이 올라올 때까지 기다린다. 그리고 뒤집는다.

06 잘 구워진 팬케이크를 접시에 층층이 쌓은 다음, 딸기나 오렌지, 바나나, 베이컨 등 준비한 토핑을 함께 내면 된다. 메이플시럽은 먹기 직전에 듬뿍~.

길에서 우연히 만난 개를 나는 거의 못 알아볼 뻔했다.
예전에 잠깐 데이트한 사이였던 이 애가 나에게 남겨준 거라고는 싸구려 드라마 같은 이야깃거리뿐이었다지. 다른 여자를 만나 집으로 데리고 가려다가 걸렸다는 그런 흔하디흔한 이야기.
그렇게 헤어진 지 2년 만에 이 남자가 참하게 생긴 아가씨와 팔짱을 끼고 이태원 해밀톤호텔 뒷골목을 걷다가 나를 마주친 것이다. 옛날 일이야 어찌 되었건 간에 특별히 나쁜 감정이 있는 것도 아니어서 난 그냥 가볍게 인사나 해야지라고 생각했다. 그런데 이 아이, 달라져도 너무 달라졌다.

쭉 잡아 늘인 찹쌀떡 같은 그 애의 길쭉한 얼굴형과 시골에서 비료 잘 먹고 튼실하게 큰 쪽파같이 삐죽삐죽한 머리카락 때문에 그는 단 한 번도 봐줄 만한 헤어스타일을 한 적이 없었다. 게다가 나름 몸단장에 신경을 좀 써야 할 광고대행사 AE였음에도 불구하고 그 옷차림 역시 헤어스타일을 잘 살려줬다지. (물론, 광고계 사람들이 모두 스타일리시할 거라는 건 말도 안 되는 드라마 속 환상이다.) 그 아이는 일명 '전산오덕'. 그러니까 영어로 '너드nerd'나 '긱geek'쯤으로 분류되는 그룹의 외모에 완벽하게 부합하는 스타일을 가졌었다고 말하면 훌륭하게 설명이 되겠다. 무엇보다도 줄무늬셔츠에 집착하는 너드의 패션성향을 그대로 보여줬으니. 2008년 긱시크geek chic가 유행했다지만 그거랑은 일면식도 없는 정통 긱 스타일.
그랬던 그 애가 '어디서 머리를 했기에?'라고 갸우뚱하게 만들 정도로 바뀐 헤어스타일을 하고 나타났으니 내가 놀랄 수밖에. 게다가 줄무늬

셔츠 대신 일요일에 꽤 어울리는 그럴듯한 옷차림까지. 나도 모르게 "오랜만이야, 인마"도 하기 전에 "와, 너 머리 잘 잘랐다! 여자친구 제대로 만났나 봐. 딱 네 짝인가 봐"라는 말을 주책 맞게도 세 번이나 하고 말았다.

그런데 자리에 돌아와 곰곰이 생각해 보니 난 그냥 사람이 변했다는 것에 대한 감탄이었을 뿐인데, 듣는 사람과 그 애인은 은근히 기분 나빴을 것 같다. 나도 모르게 고소한 기분이 들어서 맥주를 시원하게 들이켰다. 서울은 좁고, 한국도 좁다. 혹시 미처 복수하지 못한 남자가 있다면 어느 날 어디서 갑자기 만날지 모르니 복수의 한마디를 준비해 놓는 것도 좋겠다.

어쨌거나, 그 여자가 걔를 그리 바꿔놓은 건지, 그리 바뀌니 여자가 생긴 건지는 모르겠지만 어디 불쌍하고 처량한 너드를 위한 메이크오버 쇼에라도 출연했던 듯 그렇게 사람이 바뀌다니 '누군가의 쓰레기가 다른 사람의 보물'이라는 명언이, 누구에게나 맞는 짝은 따로 있다는 건 사실이었나 보다.

아마도 그에게 각별한 애정을 가지게 된 한 여자가 있어서 그 애에게 왜 줄무늬 셔츠가 너드처럼 보이는지를 조곤조곤 설명해 주며 한 달짜리 프로젝트로 그의 옷장을 근성 있게 다 뒤엎고, 할리우드 패셔니스타들의 사진을 파일로 만들어 미용실에 가서 헤어디자이너가 눈을 부라릴 만큼 그 곁에 찰싹 달라붙어 이래라저래라 해줬겠지.

그런 의미에서 나는 집에 돌아와 그 커플을 생각하면서 프렌치토스트를 만들어 먹을 수밖에 없었다. 나의 프렌치토스트는 일명 '여자 잘 만난 프렌치토스트'거든.

요즘 떡볶이 가게보다 더 많은 브런치 레스토랑에서 흔하게 볼 수 있는 게 프렌치토스트지만, 사실 추억의 프렌치토스트는 엄마가 '달걀 설탕물에 적셔 버터에 구운 식빵 한 조각' 이상도, 이하도 아니었다. 어릴 적 오후 4시 단골간식. 그렇게 맛있지도 맛없지도 않은 이 엄마표 프렌치토스트는 정작 그 화려한 이름이 보통 안 어울리는 게 아니라서 나는 그걸 정직하게 '계란물 식빵구이'라고 불러야 한다고 꽤 오랫동안 주장해왔었다. 혀끝이 '봉주르' 하고 나한테 인사할 것 같은 '프렌치토스트'란 이름은 이 음식에는 너무 과하지 않나 싶었다. 그러던 어느 날 나는 하얀 슈거파우더가 솔솔 뿌려지고 피칸과 카라멜라이즈된 바나나, 그리고 황금빛 시럽이 하나의 건축물처럼 층층이 쌓여 있는 프렌치토스트의 사진을 보고 말았다. 그 순간 나에게는 새로운 프렌치토스트의 세상이 열렸다. 이거야말로 진짜 프렌치토스트가의 자식이로구나! 그리고 나는 하루를 꼬박 프렌치토스트의 비밀을 찾는 데 써버렸다.

비밀들을 메모장 한가득 모아놓은 다음에는 아침, 저녁도 모자라 야참으로까지 프렌치토스트를 굽기 시작했다. 그리고 그 세계는 오묘하고도 오묘했다고만 우선 말해두겠다. 꼬부랑 할아버지 교수님의 역사 강의처럼 길고 지난한 프랑스 요리법처럼 말이다. 그래서 프렌치토스트인가. 고심해서 우유와 달걀의 비율을 맞추고, 설탕과 소금을 신중하게 섞고,

팬 앞에 서서 발을 동동 구르며 참을 인자 열다섯 개를 쓸 줄 아는 여자를 만난 프렌치토스트는 그 이름이 아깝지 않게 되었다. 드디어 나도 제대로 된 프렌치토스트가의 후손을 하나 만들어 낸 것이다. 그 남자를 변신시킨 그 여자의 기분이 이랬을까나.

마침 이 프렌치토스트 연구의 기니피그 **실험용 동물로 많이 쓰이는 쥐의 한 종류** 가 되러 온 내 애인의 본래는 하얀색이었을 컨버스 운동화가 눈에 들어왔다. 나의 이 황금손으로 프렌치토스트만 구원하면 되겠나 싶어 얼른 집어다가 집 앞 세탁소에 맡겨줘야겠다고 생각했다. 내가 그걸 왜 빨아. 세탁은 세탁소에, 프렌치토스트는 내 손에.

그 이름이 아깝지 않은, 프렌치토스트

프렌치토스트는 다양하게 원하는 대로 뭐든 올릴 수 있어 좋다. 시나몬을 뿌리거나, 생크림을 휘핑해서 올려도 좋고, 딸기나 키위, 오렌지 같은 살짝 신맛 나는 과일들을 토핑해도 좋다. 나는 시나몬과 슈거파우더를 뿌리고 오렌지나 자몽처럼 신 과일을 얇게 썰어 올리는 걸 좋아하는 편. 얇게 썬 아몬드나 굵게 다진 헤이즐넛, 호두 같은 너트류를 가득 뿌리면 그 바삭한 맛에 또 다른 한 접시가 된다. 팬케이크에 바삭하게 구운 베이컨 올리듯이 베이컨을 올려도 좋고, 치즈가 있다면 썰어 곁들여도 맛있다. 계란물에 인스턴트커피가루를 녹여서 커피프렌치토스트를 만들기도 하고, 바나나를 설탕에 굴려 오븐에 굽기도 한다. 빵을 가로로 반을 갈라 거기에 크림치즈나 리코타치즈를 넣어줘도 진한 치즈맛이 더해져 맛있다. 하지만 가장 클래식하고 심플하게 먹으려면 역시 꿀이나 메이플시럽. 나는 입 안에 단맛이 남는 꿀보다는 깔끔한 메이플시럽이 좋더라. 어쨌거나 아침의 길티 플레저(guilty pleasure)답게 맛있고 달콤한 토핑이라면 무엇이든 환영이다.

여자 잘 만난 프렌치토스트는 알고 보면, 우리 집 막내 고양이도 만들 수 있다. 몇 가지만 신경 쓰면 된다. 잔소리가 길어져 레시피가 길어 보이지만 별거 아니니 겁먹지 말 것.

프렌치토스트

+ 4~5cm 정도로 썬 하루 지나 굳은 식빵
+ 달걀 2알
+ 우유 달걀 양의 반
+ 설탕(슈거파우더) 2스푼
+ 소금 아주 약간
+ 버터
+ 시나몬파우더 약간
+ 슈거파우더 1스푼

01 빵은 두꺼운 게 좋다. 안 썰린 식빵(혹은 바게트도 괜찮다)을 사오거나, 제과점에서 두껍게 썰어달라고 부탁한다. 보통 식빵의 두 배 정도의 두께. 4~5cm 정도가 적당하다. 식빵이 너무 얇으면 계란물을 이기지 못하고 찢어지거나 부풀어 오르지 않고 주저앉기 쉽다. 갓 사온 식빵보다는 하루쯤 말라서 살짝 굳은 빵을 쓰는 게 더 좋다. 원래 브레드푸딩처럼 딱딱해진 빵을 구제하는 레시피였기 때문. 난 가끔 미리 전날 꺼내서 말려놓기도 한다. 천대받은 빵이 좀 슬퍼하겠지만.

02 달걀물을 만드는 게 첫 번째. 4~5cm 정도의 두께로 자른 식빵이라면 달걀 작은 것 2개면 충분하다. 달걀과 우유를 2:1로 섞고 설탕(있다면 슈거파우더가 더 좋다)을 2스푼쯤, 소금도 아주 조금 넣어서 잘 섞는다. 설탕을 너무 많이 넣으면 타버리기 쉽고 소금을 많이 넣으면 질겨진다. 달걀을 너무 오래 저어도 질겨진다. 적당히 섞일 정도로 포크나 거품기로 재빠르게 섞어준다. 신선한 달걀이 최고다. 달걀이 신선하면 비린내도 없고 흰자와 노른자도 잘 풀어진다.

03 준비했던 빵을 달걀물에 푹 적신다. 정말 '푸욱' 적셔야 한다. 한쪽 면을 담가 손으로 살살 눌러 흡수시킨 다음 뒤집어서 반대 면도 푹 적셔준다. 여유를 갖고 조금 담가두는 게 좋다. 한쪽 면에 30~40초쯤.

04 논스틱팬을 충분히 달군 후 버터 한 조각을 녹인다. 프라이팬을 코팅해 준다 싶은 정도의 양이면 된다. 버터가 타지 않게 너무 강한 불로는 달구지 말 것. 불 조절이 프렌치토스트의 관건, 버터가 다 녹으면 식빵을 올린 다음 약불로 줄인다. 달걀물이 남았다면 빵 위에 조금씩 더 뿌려준다. 흘러넘치면 보기 싫으니 조심. 노릇노릇, 먹음직스러운 브라운이 되었으면 뒤집는다. 프렌치토스트는 잘 익으면 살짝 부풀어 오른다. 잘 익어 통통해진 프렌치토스트만큼 먹음직스러운 것도 없지. 프렌치토스트는 자고로 겉은 바삭하고 안은 부드러워야 하는 법. 약불에서 참을성을 갖고 진득하게 서두르지 않는 것이 비결이다. (이렇게 쓰고 보니 고양이는 못 만들겠다.)
토스트가 다 익은 것 같다면 손가락으로 눌러볼 것. 주저앉지 않고 탱탱하게 탄력이 있으면 완성.

05 여기서 한 가지, 시간은 좀 넉넉하고 팬에 굽는 게 귀찮다면 오븐에 넣어도 좋다. 오븐용기에 달걀물에 적신 빵을 올리고 남은 달걀물도 다 부어준 다음에 120도 정도로 30~40분쯤 굽는 거다. 그리고 마지막에 설탕을 뿌리고 1분 정도 그을려 주면 맛있다. 이렇게 오븐에 구울 때는 달걀물에 더 오래 적시는 게 좋은데, 전날 굳은 빵을 달걀물에 담가 냉장고에 넣어두고 아침에 구워도 될 정도다. 브레드푸딩과 비슷하겠다.

06 해도 되고 안 해도 되는 한 가지 팁. 시나몬파우더와 설탕을 섞은 다음 완성된 토스트 위에 뿌리고 뜨거운 오븐의 그릴 아래에 살짝 넣어주면 설탕이 녹으면서 바삭해진다. 가스 토치가 있다면 크렘 브륄레

처럼 설탕을 녹여주면 된다. 번거로우면 관두자. 힘들게 만들어도 먹는 건 금방이니 너무 고생하면 허무하다.

07 이제 접시에 옮겨 담는다. 나는 슈거파우더와 시나몬파우더를 체에 쳐서 솔솔 뿌리고, 메이플시럽을 잔뜩 뿌렸다. 이 정도는 뿌려야 제대로 길티 플레저guilty pleasure 아니겠어. 한번 먹을 때 제대로 먹어줘야 다른 게 생각이 안 나는 법. 너무 달기만 하면 질리니까 상큼하게 신맛이 있는 딸기나 오렌지를 같이 올린다. 엄마표 달걀물 식빵구이랑은 너무 멀고 먼 여자 잘 만난 프렌치토스트 완성.

콜린 패럴을 닮은 북극곰

"코끼리 엉덩이가 섹시하다니, 너 정말 이상해."
라고 했지만 코끼리 엉덩이와 오십보백보, 나는 북극곰이 그렇게 섹시해 보일 수가 없다. 북극곰은 남자로 따지면 그 느낌이 콜린 패럴 같다랄까. (특히 인중을 늘어뜨린 그 표정!) 〈황금나침반〉의 북극곰대왕 이오렉 버니슨(세상에, 이름마저 이렇게 멋질 수가! 축구선수 '밤바스텐' 다음으로 멋진 이름이다!)은 당당히 내 이상형리스트의 한 자리를 차지하고 있다. 그러고 보니, 난 정말 중증 매저키스트인가 싶다. 고든 램지가 이상형이라더니, 이젠 나쁜 남자의 아이콘, 콜린 패럴 같은 북극곰? 그런데 나의 이 섹시 아이콘 북극곰들이 요즘 살기가 힘들다니 그냥 있을 수가 없어 안부편지를 썼다.

"마이 달링, 북극곰, 요즘은 어떻게 지내고 있는지? 지난겨울 기름이 오른 바다표범은 많이 먹어뒀는지? 입맛에 맞지도 않는 해초에 나무뿌리 나부랭이 때문에 혹시 속병은 안 생겼는지? 만에 하나 자포자기해서 좀 따뜻한 남쪽으로 내려와 연어라도 잡아먹을까 하는 그런 몹쓸 생각이라도 하고 있는 건 아닌지? 너를 사모하는 인간으로부터."
그럼, 나의 섹시한 북극곰은 이런 답장을 보내겠다.
"너도 여기 살거든?"

내가 지구환경에 관심을 가지게 된 건 북극곰 때문이라고 해도 과언이 아니다. 솔직히 고백하자면 '우리의 후손을 위해' 같은 환경보호 슬로건은 '나 죽고 난 뒤 일을 내가 알 게 뭐람'이라고 생각하는 나 같은 사람들에게는 설득력이 전혀 없다. 그 와중에 북극곰을 만나 그나마 일말의 양심을 지키고, 코딱지만큼이나마 내 몫을 하게 되어서 얼마나 다행인지 모른다.

북극곰 말고 다른 일도 있었다. 1~2년 전쯤 PETA **'People for the Ethical Treatment of Animals', 열성적인 동물권리보호단체** 사이트에서 본 동물학대 동영상이 그것. 1m x 1m 우리에 사는 정신분열증이 걸린 돼지라든가(1제곱미터에 사는 정신분열증 돼지라니, 이렇게 의미심장할 수가 있을까, 도시에 사는 인간이나 돼지나 같은 신세로구나), 거꾸로 매달려 피가 다 빠져나갈 때까지 몸부림치는, 아직도 솜털 보송한 송아지를 보고 나니 매우 마음이 괴로워져서 그 후 두 달 정도는 고기를 입에도 대지 못했었다. 잠깐 PETA에 제보라도 할까 생각했다. 새로운 동물보호+채식+다이어트+지구환경보호의 방법으로 이걸 홍보해 봄이 어떠냐며. 아마 욕을 바가지로 먹고 쫓겨났겠지? 하여간, 그 후로 한두 달에 며칠씩은 채식을 하는 습관을 들이려고 노력을 하게 되었다지. 이른바 '파트타임 베지테리언'이랄까. 미안하지만, 고기를 포함한 세상의 모든 음식을 다 먹는 게 인생목표인 나에게 풀타임 베지테리언은 조금 많이 힘들더라. 내 소중한 뱃속과 혓바닥에게 콩소시지를 먹이고는 고기라고 우기는 것도 도저히 못하겠었고 말야.
불교신자에 요가강사이고 명상이 취미인 데다가 나보다 몸매가 더 훌륭한 우리 엄마는 풀타임 베지테리언에 가깝게 고기를 거의 드시지 않는데, 그 이유는 그 동물들이 사육되고 죽임을 당하는 동안 느낀 분노와 슬픔이 그 고기를 먹음으로써 우리 안에 쌓이기 때문이란다. 정답이랄까. 이렇게 생각을 해보면 또 육식이 한 발자국 멀어진다.

그리고 이런 고기의 분노는 우리에게만 오는 게 아니다. 인간이 먹기 위해 길러지는 동물들 때문에 전 세계 목초지와 삼림의 60%가 소비되고 있다. 자동차를 타고 다니는 채식주의자가 자전거를 타는 육식인보다 훨씬 더 지구온난화를 늦추는 셈일 정도로 고기 1kg을 만들어 내는 데에서 발생하는 이산화탄소가 자동차가 수백 km를 달리느라 뿜는 이산화탄소량과 맞먹는다. 또, 고기용 동물들이 배출하는 메탄가스가 지구온난화에 미치는 영향은 이산화탄소의 25배에 맞먹기까지 한단다. 우리가 먹는 그 소가 뀐 방귀와 트림에 지구의 오존층에 구멍이 나고 우리가 먹어댄 고기가 북극곰을 바다에서 표류하게 한다니, 못살겠다, 정말.

음식을 조금 바꾸는 것만으로도 나의 북극곰이 먹이를 찾아 헤엄치다 빠져죽는 일이 늘어나는 속도가 조금 늦춰질지 모른다. 또, 당신이 좋아하는 섹시한 엉덩이의 얼룩말이 살 곳이 덜 줄어들지도 모르며, 저기 아마존의 핑크돌고래가 한 마리라도 더 남아 있을지도 모르는 일이지. 다들 모르지도 않고, 일부러 외면하는 것도 아니다. 그저 관심을 가지고 행동하게 만들 만한 계기와 진심이 필요할 뿐이다. 그러니 슬슬 입맛에 맞는 걸로 하나씩 스스로를 움직이게 만들 무언가를 골라볼 때가 되지 않았나 싶다.

아침 / Brenda's Breakfast / 브렌다의 아침밥

이 특별한 레시피는 우리 집 길 건너에 사는 화가/다큐멘터리 필름디렉터/애니메이터/채식주의자인 호주 출신의 브렌다가 귀띔해 준 그녀만의 레시피다. 그래서 이름도 브렌다의 아침(Brenda's Breakfast). 이 보석 같은 레시피를 책에 담을 수 있게 허락해 준 그녀에게 다시 한 번 고마움을!

다른 이야기지만 하루는 그녀의 그림을 보러 그녀 집으로 놀러 갔는데 양팔을 벌려도 모자랄 커다란 캔버스 가득 어둡고 무거운 컬러로 나무들이 그려져 있었다. 그녀는 이 그림으로 1제곱미터에 사는 정신분열증에 걸린 돼지나 다를 바 없이 공장에서 찍어내듯 '생산'되고 있는 채소와 과일의 이야기를 하고 싶었다고 한다. 하지만 때가 되어 나무에서 떨어진 '죽은' 과일만 먹는 과격 채식주의자는 될 수 없으니, 그 고뇌는 어디로 가야 하나.

브렌다의 아침

+ **노른자가 익지 않은 반숙달걀 2개**
+ **브로콜리(한 다발 삶아서)**
+ **크래커 2~3개**
  (참크래커처럼 담백하고 바삭한 크래커)
+ **올리브오일 조금**
+ **발사믹 비네거 혹은 간장 약간**
+ **소금, 후추**

01 달걀을 반숙으로 삶는다. 달걀을 딱 원하는 대로 삶기란 쉽지 않은 일이다. 사실 달걀을 깨지지 않게 삶기조차도 쉽지 않은 일. 성냥개비를 넣으면 안 깨진다거나 별별 이야기가 다 있는데 신빙성은 없다. 역시 간단한 것들을 훌륭하게 해내는 것이 더 어려운 일. 달걀은 냉장고에서 바로 꺼내기보다는 전날쯤 꺼내놓아서 실온이 된 것을 쓰는 게 팁. 냄비에 달걀이 잠길 정도의 찬물을 붓고 달걀을 넣은 다음

삶는다. 반숙이라면 불의 세기에 따라 다르지만 물이 끓으면서 5분, 꺼내서 혼자 식을 때까지 4분을 두면 된다고 생각하면 된다. 집집마다 모두 다르니, 몇 번의 실험과 실패를 거치는 건 어쩔 수 없는 일이니 행운을 빈다랄까.

02 브로콜리도 같이 삶는다. 삶은 브로콜리를 찬물에 식힌 다음 브로콜리 윗부분만 잘라낸다. 작은 송이 송이가 가루처럼 떨어진다.

03 반숙달걀을 꺼내서 반으로 가르고 숟가락으로 속을 파낸다. 여기에 브로콜리 가루와 손으로 부순 크래커를 넣는다.

04 소금, 후추 간을 하고, 올리브오일을 조금 뿌린다. 입맛에 따라 발사믹 비네거를 조금 뿌리거나, 그런 샤프한 맛이 섞이는 게 싫고 부드럽게 먹고 싶다면 간장을 뿌려 풍미를 더 준다. 그러고는 슥슥, 잘 섞는다.

05 바삭한 크래커, 생생한 브로콜리, 진득한 달걀의 맛이 섞이면서 풍부한 맛이 난다. 영양으로도 만점. Thanks, Brenda!

• • •

점심 / 풀죽은 샐러드를 피하는 법

생각보다 생생한 샐러드를 만들기가 쉽지 않다. 어떻게 레스토랑에서 나오는 것 같은 그런 샐러드를 만들 수 있냐고 물어보는 친구들이 꽤나 많았던 것만 봐도 알 수 있다. 풀죽은 샐러드를 만나지 않는 법은 간단하다. 몇 가지만 지키면 된다.

01 미안하게도, 싱싱한 샐러드 채소를 가지고 있느냐가 제일 중요하다는 당연한 말을 할 수밖에 없다. 양상추나 양배추, 로메인 레터스 같은 종류는 얼음물에 잠깐 담가두면 더 살아난다. 특히 일식집에서 주는 것 같은 얇은 양배추 샐러드를 원한다면 물론, 집에서는 거의 그렇게 썰기 힘들다, 채칼을 쓰더라도 얼음물에 담가두는 것은 필수.

02 양상추만 가득 있는 샐러드는 아무 맛도 없다. 맵고, 달고, 쓴 맛을 섞어주는 게 포인트. 샐러드에 들어가는 치커리나 겨자잎, 루꼴라, 각종 허브잎들을 섞어서 '맛'을 내야 한다. 얇게 썬 오이나 당근으로 아삭한 질감을 더하거나, 시금치로 폭신한 맛을 더하는 등 질감도 여러 가지로 주면 더 재미있는 샐러드가 되겠다.

03 잎이 멍들지 않게 살살 씻은 채소에서 물기를 완벽하게 털어내야 한다. 샐러드 스피너가 있으면 백점. 물기가 그대로 남아있는 샐러

드는 소여물이 되고 만다. 스피너가 없다면 마른 행주에 씻은 풀들을 넣고 살살 공중에서 돌리는 방법도 있다고 읽은 적이 있다. 어떻게든 잘 말리자.

04 드레싱은 최소한 10~20분 정도는 묵혀줘야 그 맛이 잘 섞이면서 처음과는 완전히 다른 맛을 낸다. 정 힘들면 채소를 씻기 전에 드레싱부터 만들어 놓는 게 요령.

05 완제품 드레싱이 슈퍼마켓 진열대 한 줄 가득이지만, 살 필요도, 사서 좋을 것도 없다. 어렵지 않다. 제일 만만한 건 발사믹 비네거와 올리브오일 드레싱, 비네거:오일을 1:2쯤으로 섞는 게 나는 좋더라. 여기에서 발사믹을 조금 줄이고, 대신 갓 짠 레몬즙을 뿌려보길 권한다. 달콤한 발사믹 맛도 한결 더해지는 데다가 샐러드가 더 상큼해진다. 더 가볍게 먹고 싶으면 발사믹 비네거를 아예 빼고 레몬 반 개를 짜주는 것도 방법.

06 절대로 소금을 잊지 말자. 통후추도 함께. 소금이 빠진 샐러드는 또 소여물 신세. 주의할 점은 소금을 먹기 직전 마지막에 뿌리라는 것. 샐러드를 배추 절이듯 절일 생각이 아니라면 말이다.

07 음식은 손맛이라는 건 샐러드에도 해당된다. 손이야 한 번 씻으면 그만, 아껴서 뭘 하랴. 큰 볼에 채소와 드레싱을 붓고(드레싱이 너무 많은 것도 에러다. 적당한 양을 지키자. 조금씩 더 넣어주며 양을 조절해 보자) 옷을 입혀준다. 나물처럼 조물조물거리지 말아라. 간을 배게 하는 게 아니라 말 그대로 살짝 옷을 입혀주는 것뿐이다. 손에 힘을 빼고는 아기 머리를 감겨주는 것처럼 살살 풀들을 뒤적여 주자. 모든 잎이 반짝반짝 고르게 옷을 입을 때까지. 아, 너무 당연해서 잊을 뻔했네, 드레싱은 먹기 직전에! 미리 드레싱을 뿌려놓는 것도 샐러드를 소여물로 만드는 또 하나의 방법이다.

08 그 볼 그대로 내놔도 상관은 없지만 흥건하게 그릇 바닥에 고인 드레싱을 보는 것도 별로다. 정말 팔팔한 샐러드를 먹고 싶다면 다른 그릇에 옮겨 담자. 반짝반짝 빛나는 이파리들을 만날 수 있을 것이다.

•
•
•

저녁 / 가지 파르미자나 / Parmigiana di melanzane

가지가 나의 넘버원 채소로 떠오른 것은 얼마 되지 않은 일이다. 어릴 적의 가지는 공포의 채소였다. 삶아서 무친 가지는 콧물같이 흐물흐물한데다가 그 색깔마저 며칠 썩은 뭣 같아서 도저히 그걸 입에 넣을 수가 없었다. 하지만 그릴 자국이 선명히 나게 구운 보라색과 노란색이 생생한 가지에 발사믹 비네거나 페타치즈를 뿌려 먹기 시작하면서 가지는 최고의 채소로 등극했다지? 우리 집에 놀러오는 친구마저도 이 가지구이에 반해 맥주 한 팩과 가지 두 개를 잊지 않고 들고 올 정도다.

가지를 맛있게 굽는 요령은 가지를 두껍게 써는 것, 1인치 정도로 썬 다음 소금을 뿌려 잠시 물기를 빼 준다. 물기를 닦은 가지를 잘 달군 그릴에 올려 소금, 후추를 뿌리고 먹음직스러운 색깔이 되도록 구우면 끝. 여기에 엑스트라버진 올리브오일을 뿌리거나, 페타치즈 등을 손으로 뭉개 뿌리고, 발사믹 비네거나 달콤하게 살짝 졸인 발사믹 비네거를 뿌리면 그건 일품요리 저리 가라. 가장 간단하면서 맛있게 가지를 먹는 법이다. 그럼 가지 파르미자나로 넘어가 볼까? 구운 가지와는 전혀 다른 맛으로 '이게 채소일까?' 싶을 정도로 크리미하고 진한 맛과 향의 가지를 맛볼 수 있다. 베스트 가지요리다!

가지 파르미자나

- **통통한 가지 1개, 도톰하게 썰어서**
- **양파 1/4개, 다져서**
- **마늘 1개, 다져서**
- **홀토마토캔 1/4 캔**
- **물이나 육수 2~3테이블스푼**
- **바질 잎 5장 정도**
  (꼭 바질이 아니더라도 오레가노 등 토마토소스와 어울리는 허브라면 OK. 말린 허브를 넣는다면 생각보다 적게 넣는다. 말린 허브가 생허브보다 더 향이 강하다)
- **소금, 통후추**
- **프레시 모차렐라(가 최선이지만, 피자치즈 모차렐라, 에멘탈, 리코타 등 아무 치즈나)**
  치즈가 부담스러울 때는 빵가루 한 줌과 오레가노 한 스푼을 준비한다

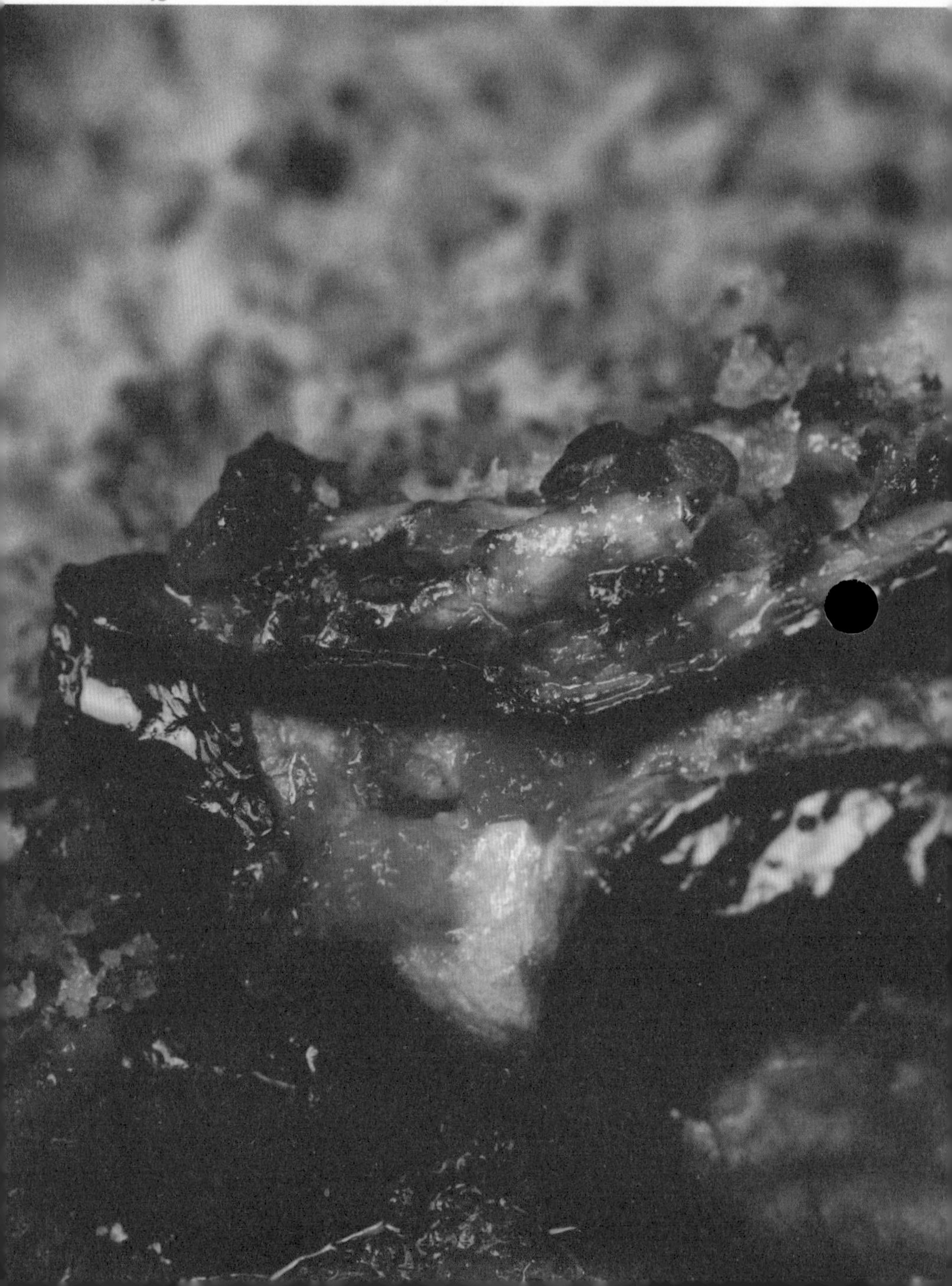

01 1~1.5cm 정도로 도톰하게 썬 가지를 소금을 뿌려 10분 정도 두어서 물기를 약간 뺀 다음 팬에 살짝 구워준다. 가지는 가로로 썰어도, 세로로 썰어도, 어떻게 썰어도 상관없다. 먹고 싶은 모양으로 썰어주면 된다.

02 가지를 옆에 밀어놓고 간단한 토마토소스를 만들 차례. 정 토마토소스를 만들기 귀찮다면 시판되는 토마토소스를 그냥 써도 된다. 하지만, 시중에 파는 토마토소스 같은 제품을 썼다가는 그냥 학교 급식소의 맛이 날 테니 그 정도는 각오하자.

03 팬에 다진 양파와 마늘을 다져서 올리브오일을 두르고 투명해질 때까지 볶다가 홀토마토캔을 붓는다. 소금과 후추로 간하고, 준비한 바질이 생바질이라면 반은 남겨두고 반은 찢어 넣는다. 말린 허브를 준비했다면 이때 소스에 다 넣는다. 그리고 폭폭 끓여주면 된다. 늘 말하지만, 토마토소스는 그냥 있는 대로 많이 만들어서 냉장고에 쟁여놓는 게 편하다. 이렇게 토마토소스가 필요한 한 접시요리를 만들 때 구세주와 같다. 가지만 썰어 넣으면 끝이니.

04 그라탕 용기나 오븐에 넣어도 되는 적당한 사이즈의 그릇을 준비한다. 손바닥 크기 정도면 되겠다. 바닥에 토마토소스를 한 스푼 바른다. 그 위에 가지를 곱게 한 층 올린다. 남겨놨던 생바질 잎을 한 장쯤 찢어 뿌려주고, 다시 토마토소스, 가지, 바질, 토마토소스, 가지, 토마토소스를 반복한다. 바질은 얼마든지 안 넣어도 그만이지만, 토마토소스와 바질, 가지는 천생연분으로 잘 어울린다. 허브가 들어가면 음식이 조금 더 고급스러워진다. 여기서 자기만의 베리에이션이 얼마든지 가능하다. 호박이나 주키니를 얇게 썰어 한 층을 채우거나, 살짝 데친 폭신한 시금치를 썰어 넣어도 최고다. 브로콜리나 버섯도 맛있겠지? 익혀 먹어서 맛있는 채소라면 얼마든지 환영이다.

05 맨 위층은 토마토소스로 끝내도록 한다. 준비했던 치즈를 듬뿍 올린다. 피자용 모차렐라치즈를 올려도 좋고, 조금 다른 맛으로 에멘탈이나 그뤼에르 같은 것도 괜찮다. 냉장고에 있는 치즈라면 어떤 것이든 OK. 필라델피아 크림치즈와 노란색 슬라이스 치즈는 조금 별로. 혹시 먹다 남은 피자 치즈가루(파마산 치즈가루)가 있거나 신의 도움으로 냉장고에 덩어리 파르미자노가 있다면 마지막에 듬뿍 갈아 올려준다.

06 180도로 예열해 놓은 오븐에 치즈가 은근슬쩍 갈색을 띨 때까지 굽는 것만 남았다. 오래 구울 필요는 없다. 어차피 가지도 한 번 구워 놓았기 때문. 치즈가 보기 좋게 지글지글거릴 때까지만이다. 만약 치즈가 부담스럽다면, 빵가루 한 줌에 올리브오일 조금과 다진 오레가노 한 스푼을 섞어서 그득 뿌려 구워도 맛있다.

07 그린샐러드 한 접시와 쫄깃한 치아바타 한 덩어리를 곁들여 차려낸다. 쫄깃한 치아바타, 바게트, 담백한 호밀빵 어떤 것도 잘 어울리지만, 하얀 식빵은 참아주시길. 가지 그라탕을 포크로 푹 찍어서 호호 잘 불어야 한다. 정신이 번쩍 들고, 혓바닥이 저세상으로 가게 뜨겁기 때문이다. 가지는 신이 내린 채소라고 생각하게 될 것이다.

08 이 가지 파르미자노에 라자냐 면과 베샤멜소스를 겹겹이 끼워주면 가지 라자냐(Lasagna di melanzane)로 변신한다.

+1 베샤멜소스는 녹인 버터에 밀가루를 1:1 정도의 양으로 볶다가 밀가루 냄새가 없어지고 견과류같이 고소한 냄새가 나기 시작하면 (태우면 절대 안 된다, 반드시 약불) 데워둔 우유를 부어가며 멍울이 없어지고 끈적한 소스 모양이 될 때까지 잘 저어주면 된다. 절대 끓이면 안 된다.

+2 라자냐면을 꼭 삶을 필요는 없다. 시간을 단축하고 싶어서 미리 삶을 경우 약간 덜 익게 15분 정도만 삶아주는 편이 좋다. 이렇게 삶은 라자냐는 차가운 얼음물에 한 번 담가주면 나중에 오븐에 구워도 라자냐 끝이 돌돌 말려 보기 싫어지는 걸 방지할 수 있다. 하지만, 안 해도 그만이다. 삶지 않은 라자냐를 쓴다면 40분 정도 구워야 한다.

+3 오븐용 내열용기에 토마토소스를 먼저 바르고 라자냐-베샤멜소스-야채토핑-토마토소스-라자냐-베샤멜소스-야채토핑 이런 식으로 계속 쌓아 올리면 된다. 가지, 주키니, 호박, 아스파라거스, 데친 시금치 등 냉장고에 있는 뭐든 넣어도 된다.

+4 마지막에 베샤멜소스로 덮어준 다음 그 위에 모차렐라치즈와 허브, 파르미자노 간 것을 올리는 걸로 마무리하면 된다. 180도 오븐에서 40분 정도 구워준다. (미리 삶은 라자냐면을 썼다면 20분 정도.)

여기 자취하는 어떤 술꾼 선배의 눈물나는 해장 정신이 담긴 해장용 콩나물국 레시피가 있다.
정오가 다 되어 일어난 술꾼 선배는 마루에 널브러져 자고 있는 후배들이 깨지 않게 조심조심 부엌으로 가 국그릇에 물을 담는다. 냉장고에서 시들시들해진 콩나물을 한 줌 집어내더니 씻지도 않고는 물이 담긴 그릇에 집어넣는다. 소금을 한 꼬집 뿌리고 손가락으로 휘휘 젓는다. 그릇을 전자레인지에 넣고 5분간 돌린다. 그러고는 어제 선배의 술잔과 술주정을 받아주느라 만신창이가 된 후배들을 깨워 콩나물국을 꾸역꾸역 먹인다. 국그릇이 비워지는 순간 엉덩이를 차주며 내 집에서 나가라고 한다. 역시 술꾼은 전자레인지 콩나물국일지라도 해장은 잊지 않는 법, '이것이 술꾼의 자세인가 보다'라며 감탄한다.

그러나 해장에 콩나물국, 북엇국, 해장국이라는 건 옛말이다. 요즘 해장 좀 한다 하는 젊은 술꾼들의 해장 트렌드 키워드는 딱 한 가지, '기름진'이다. 햄버거, 피자, 크림소스 파스타, 자장면이 각광받는다. 얘네들이 위에 들어가 술에 만신창이가 된 내 위벽을 그 기름기와 끈적한 소스로 부드럽게 감싸고 달래줄 모양을 상상하기만 해도 이미 내 속은 거위 가슴털 이불에 폭 싸여진 기분이 된다. 혹시 이 용한 해장 음식들 중 하나를 고르라 한다면 나는 조금의 망설임도 없이 피자의 손을 들어주겠다. 아무리 끊으려 해도 술 마신 다음 날 오후의 '파파존스 페퍼로니' 한 판은 거부할 수가 없다. '술을 마셔도 안주는 거의 안 먹는 편인데 이상하게 살이 왕창 찌네'라고 생각했는데 어느 날 그 살이 전부 다음 날의 해장 피자 한 판 때문이었다는 걸 깨달았어도 전혀 소용없더라.

05 tom yum-goong

30대에 진입한 지 2년밖에 되지 않았지만, 슬슬 숙취가 무서워서 술을 피하게 되는 증세가 나타나기 시작했다. 맥주든 와인이든 어느 정도 마시면 다음 날 새벽 여섯 시쯤 꼭 일어나게 된다. 꼭 여섯 시가 아니더라도 이상하게 3시간 이상을 잘 수가 없는 것이다. 머리는 무겁고, 정신은 멍하다. 전날 아무리 술을 죽도록 마셨어도 이 시간이 되면 자연히 회복된다는 그 '마법의 4시'(사람마다 오후 5시이기도 하고 6시이기도 하다)가 올 때까지 그 어질어질한 상태로 버텨야 하는 것이다. 새벽 여섯 시부터 오후 네 시까지는 꼼짝없이 그냥 견뎌야 한다. 이게 얼마나 사람을 질리게 만드는지 차라리 술을 안 마시고 말겠다는 결심까지 할 정도다. 구더기 무서워 장 못 담그는 건 올드 레이디들이나 하는 줄 알았더니, 서른이 갓 넘어 숙취 무서워 술을 못 마실 줄은 꿈에도 몰랐다. 노화는 숙취와 함께 오더라. 만약 내 앞에 램프의 지니든 고양이의 신이든 누군가가 나타난다면 다섯 가지 소원 중 '술을 아무리 마셔도 숙취가 없게 해줘'를 꼭 넣을 생각이다. 대가 없는 즐거움은 없는 게 세상 이치지만, 그러니 소원으로 빌겠다는 것 아닌가. 자주도 아니고 한 달에 두 번만 마실 테니 제발 들어줘.

도대체 내가 잘못한 거라고는 너를 아낌없이 마셔준 것밖에 없는데 대체 나에게 왜 이러느냐며 괴로워하는 것에 지친 나는 다른 대안을 개발해 냈다. 사실 옛날부터 해오던 것이지만, 새로운 효용을 발견했다랄까. 그렇다, 역시 술을 끊을 거라는 건 헛소리였다, 미안하다. 숙취, 즉 (내 마음대로 지은) 식스 에이엠 투 포 피엠 신드롬(6 A.M. to 4 P.M. Syndrom, 줄여서 식스 투 포 신드롬이라 부르기로 하자)을 잠재울 수 있는 대안은 낮술이었다. 투 피엠 투 식스 피엠 드링킹(2 P.M. to 6 P.M. Drinking, 이것도 줄여서 투 투 식스 드링킹)은 식스 투 포 신드롬을 가뿐하게 물리쳐 준다. '에미 애비도 몰라본다'는 무서운 낮술이란 말은 역시나, 이 좋은 걸 아는 사람들끼리만 하려는 교묘한 음모였다. 게다가 그게 사실이라 해도 다음 날 숙취로 아무에게나 으르렁거리며 고스란히 하루를 날리는 것보다는 두 시부터 여섯 시까지 엄마 아빠를 피해 다니는 편이 쉽겠다.

간단히 낮술을 즐기는 방법을 이야기하자면, 우선 알코올은 맥주나 화이트와인이 최고라는 팁으로 시작하면 되겠다. 날 좋은 봄이나 여름이나 가을 낮 (아쉽지만 겨울이나 너무 더운 여름은 낮술에는 적절한 계절이 아니다) , 테라스 같은 뻥 뚫린 곳에 자리를 잡는다. 집도 좋고. 체크무늬 담요를 하나 챙겨 한강이나 공원으로 소풍을 간다면 이거야말로 더 바랄 게 없겠다. 그리고 아무리 많아도 두 명을 넘지 않는 친구들과 느긋하고 조근조근하게 시원한 맥주, 화이트와인이나 샴페인을 즐기면 되는 것이다. 그리고 여섯 시에 모든 자리를 파하고 집으로 돌아와서는 두세 시간의 저녁잠을 즐길 것. 이것으로 모든 문제는 해결이다. 다음 날의 숙취 따위는 없는 것이지.

낮술의 효용은 식스 투 포 신드롬을 피하게 하는 것뿐만 아니다. 낮에는 그다지 흥청망청 마시게 되지 않는다는 것. 그러니 더욱 숙취가 있을 리가 없지. 아무리 노력해도 에미 애비도 몰라볼 정도로 술을 부어대기가 쉽지 않다. 눈부신 햇빛을 즐기다가, 밝은 낮에 만난 친구와 밝은 이야기를 하다가, 지나가는 바쁜 사람들에게 난 이렇게 한가하다고 은근슬쩍 뽐내다 보면 술보다 더 좋은 것에 취하게 되거든.

그러나 투 투 식스 드링킹이 이름처럼 식스 피엠에 끝나기 쉽지는 않다는 걸 귀띔해 두지 않을 수 없다. 낮술이 저녁술이 되고 저녁술이 밤술이 되기 십상이라는 것이 이것의 가장 큰, 그리고 유일한 취약점이라는 것. 그래도 어쩌랴. 좋은 자리를 중간에 끊어먹을 수는 없지 않은가.

그러니 램프의 지니든, 고양이의 신이든 나타나 소원을 들어주길 바랄 수밖에는 없는 건가. 고양이 왕국 왕자님의 목숨을 구한 적은 없지만, 그래도 소원을 들어달라고 할 수 있을 만큼은 우리 집 애들을 잘 모시고 있는 것 같은데 말이지. 이 김에 뻔뻔하게 우리 집에서 제일 재빠른 막내 고양이를 재촉해서 고양이 왕국에 보고라도 좀 해보라고 해야겠다. 그 수밖에 없지 싶네. 숙취는 정말 싫어.

똠얌꿍

태국 사람들이 술을 얼마나 좋아하는지는 모르겠지만, 이 똠얌꿍은 분명 해장을 위해 만들어진 음식임에 틀림없다. 혹은, 태국에서 일어난 일은 태국에 묻는다며 흥청망청 밤을 보낸 관광객들이 다음 날 아침 똠얌꿍을 한 사발 들이켜고 해장을 하고는 개운한 몸으로 다시 그날 밤 기절할 때까지 놀라고 친절한 태국인들이 만든 걸지도 모른다. 새콤한 맛이 입맛 없는 혀를 벌떡 깨우고, 뜨끈하고 매콤한 국물에 땀이 쭉 빠진다. '기름진'을 키워드로 하는 해장 트렌드를 싹 뒤바꿀 새로운 해장의 발견, 똠얌꿍이다.

01 똠얌꿍 페이스트를 가게에서 사 온다. 웬만한 인터넷의 수입식품 쇼핑몰에서도 모두 판매한다. 포장지를 잘 읽고 몇 인분인지 파악해 시키는 대로 만들면 된다. 재료량은 약 2인분 정도.

02 이태원 등 수입식품 가게에서 파는 레몬그라스+라임잎+생강 세트가 있으면 훨씬 맛있다. 이태원의 이슬람사원으로 올라가는 길 왼쪽에 있는 '포린마켓'에서 소분해서 세트로 판다. 사실, 페이스트만 쓰면 그다지 인상 깊은 맛은 나지 않는다. 정 없으면 레몬도 나쁘지 않지만 라임을 조금 짜 넣는 것으로 또 맛이 달라진다. 레몬그라스를 어슷썰어서 네다섯 조각쯤, 생강 한 조각, 라임잎 한 조각, 라임 반의 반 개쯤을 쭉 짜 넣는 것으로 2인분의 똠얌꿍 맛은 확 달라진다.

똠얌꿍

- **똠얌꿍 페이스트 2인분**
- **새우 중간 사이즈로 3~4마리**
- **방울토마토 3~4개, 반 갈라서**
- **양송이 3~4개, 반 갈라서**
  (새송이도 괜찮다)
- **레몬그라스 얇고 길쭉하게 썰어서**
  5조각 정도
- **생강 얇게 저며서 5조각**
- **라임잎 1장**
- **라임 반 개**
- **육수**
  (고형 치킨스톡을 물에 풀어도 되고,
  먹다 남은 사골육수, 닭육수 뭐든 상관없다)

BRAND
TOM YUM
SOUP PASTE
THAI HOT AND SOUR SOUP
ตรา น้ำใจ
เครื่องต้มยำ

03 새우는 머리를 떼고 껍데기를 벗긴 다음 등쪽을 살짝 갈라주면 예쁘게 벌어지면서 익는다. 냉동새우도 나쁘지 않다. 양송이와 방울토마토는 반 갈라 넣으면 된다. 새우 대신 닭가슴살을 넣으면 '똠얌가', 오징어를 넣으면 '똠얌탈레'가 되겠다. 건더기는 원하는 것 뭐든 넣어도 되는 마음 넓은 똠얌수프다.

04 당연한 말이지만, 차진 우리나라 쌀밥보다는 '후' 불면 날아간다는 그 바스마티 쌀이 더 어울린다. 안남미도 있긴 하지만, 향과 맛 모든 면에서 바스마티 라이스가 약간 높은 가격을 감당하고 싶어질 만큼 비교도 안 되게 향긋하다.

•
•
•

행오버스페셜

기름진 해장음식을 원하십니까? 그렇다면 '행오버스페셜'을 권해 드립니다. 정말 '행오버스페셜'이라는 별명을 가지고 있는 영국식 아침식사. 부드러운 베이크트빈에 베이컨의 짭조름한 맛이 혀를 깨우고, 해장에 좋다는 달걀로 만든 보들보들한 스크램블드에그도 있다. 거기에 살짝 볶은 양송이의 향과 구운 토마토의 새콤한 맛도 더해지고 소시지로 배도 든든하게 채워준다. 기름 잘잘 흐르는 해시브라운까지 행오버스페셜이라는 이름이 아깝지 않다. 이 정도는 먹어줘야 해

행오버스페셜

- **소시지 1~2개**
- **베이컨 2~3장**
- **해시브라운 1개**
- **양송이 반 잘라서 5개**
- **방울토마토 4~5개 ,**
  혹은 토마토 슬라이스 1~2개
- **스크램블드에그**
  (달걀 하나, 우유 두 스푼,
  파마산 치즈가루 한 스푼, 소금, 후추,
  이태리 파슬리 약간)

장 전문가의 포스가 풍기지 않으려나.

01 소시지는 기름을 두르지 않은 팬에 굽는 편이 맛있다. 칼집을 슥슥 내고 갈색으로 변할 때까지 골고루 구워준다.

02 베이컨은 뜨거운 팬에 넣고 한 번에 확 구워준다. 나오는 기름은 키친타월 위에 올려 빼준다.

03 해시브라운을 튀기기가 번거롭다면 그냥 감자를 얇게 썰어 팬에 굽자.

04 양송이와 토마토도 반 갈라서 팬에 구워준다. 양송이 같은 버섯은 너무 뒤적거리면 물이 나온다. 그저 가만히 두는 게 맛있는 버섯 볶음을 만드는 요령

05 달걀 하나에 우유를 두 스푼 넣고 가능한 한 빨리, 그리고 힘차게 섞어준다. 달걀은 상온에 있던 것이 좋다. 짧게 섞어줄수록 좋다. 달걀물이 든 볼을 약간 기울이고 달걀을 공중으로 들어주듯이 섞어줘서 공기와 마주치게 하는 게 팁. 이렇게 하면 더 보송한 스크램블드에그를 얻을 수 있다. 피자를 먹고 남은 파마산 치즈가루(없어도 그만)와 소금, 통후추로 간하고 한 번 더 섞어준다. 역시 짧고 힘차게 한두 번만 저어준다. 미리 달궈 오일이나 버터를 바른 팬에 붓고 아래가 살짝 자리를 잡을 때까지 잠깐 기다린 다음 나무젓가락이나 스파출라, 나무스푼으로 마구 풀어준다. 팬을 기울여서 안 익은 달걀물이 흘러내리면서 팬에 닿게 해준다. 그리고 스파출라 등을 이용해 가운데로 모아주듯 해서 익힌다. 다 익기 전, 어느 정도 물기가 남아 있을 때 접시에 옮겨 담을 것. 그래야 자기들의 열로 나머지도 슬쩍 부드럽게 익는다. 이태리 파슬리를 잘게 썰어 위에 뿌려준다. 약간 느끼할 수도 있는 맛을 이태리 파슬리가 상큼하게 잡아준다. 파슬리 대신 쪽파를 쫑쫑쫑 썰어 넣어도 좋다. 이게 나만의 스크램블드에그의 비법이라면 비법.

06 베이크트빈 캔도 따서 접시에 한 국자 푸짐하게 담는다. 나머지 아이들도 모두 푸짐하게 접시 위로.

07 바싹 구운 토스트 반쪽과 함께 프로의 해장을 해볼 차례. 진하게 내린 블랙커피도 잊으면 안 된다.

남자는 무쇠팬과 다를 바 없다.

믿음직한 한 냄비, 프리타타와 셰퍼드파이

남자를 길들이는 것은 갓 산 무쇠팬을 길들이는 것과 별반 다를 게 없다. 더치오븐이라고도 불리는 이 시커멓고 묵직한 무쇠덩어리를 길들인 것이야말로 주방에서 내가 이룩해 낸 가장 큰 업적이라고 할 수 있다. 그만큼 무쇠팬을 길들이는('시즈닝'이라고 부른다) 과정은 길고 성가시기가 이루 말할 수가 없다. 그리고 어느 순간 잘못 다루면 말짱 도루묵이니 그것마저 닮았다.

무쇠냄비를 사면 일단 뜨거운 물에 쇠수세미로 한 번 힘 있게 닦아준 다음 가스불에 올려 달궈준다. 식물성 오일로 기름칠 한 번 해줘 가며 연기가 날 때까지 천천히 달궈준다. 그대로 식혔다가 또다시 달궈준다. 틈틈이 기름칠을 해주는 걸 잊지 말아야 한다. 물론 하루 종일 몇 번을 이렇게 구워줬다고 갑자기 이 고삐 풀린 망아지 같은 냄비가 내 냄비가 될 리는 없다. 기름을 많이 쓰는 요리부터 시작해 준다. 일부러 튀김을 몇 번 해먹는다. 어느 정도 이 쇳덩어리가 길이 든 것 같다면 달걀 프라이나 스크램블드에그 같은 달걀 요리를 해주는 것도 도움이 된다. 그렇게 몇 주쯤 쓰고 나면 어느새 거칠었던 무쇠냄비는 우리 집 셋째 까만 고양이의 털처럼 새까맣고 윤이 나는 '나의' 무쇠냄비가 되는 것이다.

이렇게 해서 반짝반짝 빛나는 '블랙뷰티'가 되었다 해도 여전히 마음을 놓을 수는 없다. 요리를 하기 전에는 반드시 달궈주고, 안팎에 기름을 조금씩 고루 발라줘야 한다. 요리를 하고 나서도 절대 세제로 닦지 말고 팬이 식기 전 뜨거운 물로만 닦아준다. 뜨거운 채로 찬물에 넣었다간 무쇠가 틀어지거나 심지어 반 동강 나는 희귀한 경험을 할 수도 있단다. 기름기가 도저히 안 닦이고 마음이 불편하다면 세제 대신 밀가루를 쓰기

06

shepherd's pie

도 한다. 이렇게 설거지한 무쇠팬은 마른 행주로 물기를 완벽히 없애주거나 불에 한 번 말린 다음 넣어둬야 한다.
잘 길들인 무쇠팬은 어느새 달걀프라이가 피겨스케이팅이라도 하듯 미끄러져 다니는 팬이 된다. 그러다가도 얘가 성질이라도 나서 쇠 냄새가 나거나 녹이 생기기라도 하면, 잠깐 마음을 놓아 세제물에 닿기라도 했으면 다시 처음부터 시작이다. 세제로 박박 닦아 처음으로 돌려놓고는 다시 달구고, 기름칠하고, 달구고 기름칠. 이쯤에서 냄비의 자리에 남자를 넣어보자. 세상 모든 남자를 두 번째 손가락 하나로 길들일 수 있을 것만 같은 내 친구 한 명이 전수해준 남자 길들이기의 정석과 한 치도 다를 바가 없다. 그녀의 비결을 짧게 귀띔해 주면, 바로 이거다. 장기 계획을 세우라는 것. 일이 주일, 한두 달 따위로는 아무것도 이뤄지지 않는다. 그것보다 더 장기적으로, 인내심을 가지고 천천히, 그리고 은근히. 바로 이게 그녀의 최고 비법이더라. 내가 말하지 않았는가, 남자는 무쇠팬 길들이기라고.

한번 길들인 이 무쇠냄비는 평생을 약속한 내 짚신 같은 짝처럼 내 부엌에서 가장 좋은 짝이 된다. 두껍고 무거운 무쇠냄비는 센 불을 활활 지필 필요도 없고, 일단 한번 열을 받으면 그대로 그 온도를 오래도록 유지해준다. 양은냄비처럼 한 번에 부르르 끓었다가 순식간에 식어버리지 않는다. 한결같다. 더 놀라운 건 꾸준히 쓰다 보면 음식을 하는 내 패턴이나 버릇까지 바꿔준다는 점이다. 불 조절이 뭔지 배우게 되고, 슬로 푸드를 주목하고, 그 시간과 불꽃에서 배어나오는 그 맛의 매력을 알게 된다. 대강 십 분 안에 만들어지는 레시피만 찾던 버릇을 버리고, 조금 귀찮아도 정성과 시간이 들어가는 요리법에 눈이 간다. 음식들에 바리톤의 목소리같이 낮고 힘 있는 기운이 생기는 느낌이다. 내가 길들였다 생각했던 무쇠냄비가 사실은 몰래 나를 길들이고 있었던 것이다.
마지막으로, 그 믿음직하고 당당한 풍채는 빈약했던 식탁마저도 달라보이게 만들어 준다. 김이 모락모락 나는 든든한 냄비 하나가 등장하는 순간, 식탁은 넓은 등짝만큼이나 통도 큰 시골 아줌마가 차려준 다정하면서 듬직한 모습으로 변신한다.

이 무쇠냄비는 딱 하나면 된다. 하나로 평생을 쓸 수도 있다. 길들일 짝 역시 한 명이면 된다. 만나는 족족 길들일 생각이라면 당신은 정신상담을 받아보는 게 좋겠다. 2개월용 남자를 길들여서 대체 어디다 쓰시려는 건가요. 너무 심하게 긁어대지 않고 대강 쓰다가 자주 새것으로 바꿔줘야 하는 코팅팬과 쓸 만한 무쇠팬의 싹수부터 구분해 내는 것, 그것이 길들이는 방법을 배우기 전 먼저 필수로 습득해야 하는 능력이다.

아 참. 평생의 짝도, 믿음직한 무쇠팬도 다 좋지만, 절대 간과하지 말아야 할 한 가지가 더 있다. 하나면 되는 무쇠팬을 들이기 전, 코팅팬들은 많을수록 좋다는 것. 많으면 많을수록, 더 많으면 더 많을수록. 가볍디 가벼운 이 코팅팬들은 사자마자 바로 불에 올려 쓰기만 하면 된다. 미끈하고, 가볍고, 준비 과정이나 길고 긴 주의사항도 없다. 오래전 유명했던 한 아버지도 말씀하지 않으셨던가. 인생을 즐기라고. 코팅팬들을 써야 할 때는 코팅팬을 써야 하는 것이다.

믿음직한 한 냄비, 프리타타와 셰퍼드파이

프리타타

이태리식 오믈렛인 프리타타, 아침으로 딱 좋은 계란요리다. 뭐 꼭 무쇠팬이 아니더라도 사실 상관없다. 그냥 코팅된 프라이팬에 구운 다음 접시 위에 뒤집어 옮겨 내도 맛은 그대로. 하지만 무쇠팬 통째로 오븐이나 가스레인지에 구웠다가 그대로 테이블 위에 턱- 하고 올려놓으면 팬과 프리타타 사이에서 김이 폭폭 올라오는 것만큼 보기 좋은 것도 없다. 냉장고에 있는 온갖 야채와 어제 먹다 남은 닭고기 등 뭘 넣어도 좋다.

01 달걀에 우유를 섞고 풀어준다. 치즈가루와 소금, 후추도 뿌려준다. 후추 대신 넛맥도 훌륭하다. 달걀을 풀 때는 재빠르게 풀어주는 게 좋다. 너무 많이 휘저으면 달걀이 질겨지기 때문. 소금을 미리 넣으면 달걀이 더 잘 풀어진다.

02 썰어놓은 야채를 올리브오일을 약간 뿌려서 달군 팬에 볶는다. 숨이 죽을 때까지만 짧고 빠르게 볶으면 된다.

03 햄이나 미리 삶은 닭가슴살을 넣는다면 이때 같이 볶는다. 베이컨이라면 다른 팬에 구워서 기름을 빼준다. 하지만 그저 야채만 푸짐하게 넣은 프리타타가 제일 맛있더라, 나는. 달걀물을 부어준다. 그대로 오븐에 넣어도 되고, 가스불 위에서 천천히 익혀줘도 좋다.

프리타타

+ **달걀 2개**
+ **우유나 생크림 달걀 반 개에 맞먹는 양**
+ **파르미자노 레자노 (혹은 그냥 피자 먹다 남은 파마산 치즈가루) 한 스푼**
+ **소금과 통후추 약간**
+ **각종 야채 (얇게 썬 호박이나 감자, 시금치, 파프리카, 양파, 버섯 등) 고기를 넣고 싶다면, 사각으로 자른 훈제햄이나 미리 구운 베이컨 조각, 잘게 찢은 닭가슴살 등이 적당**

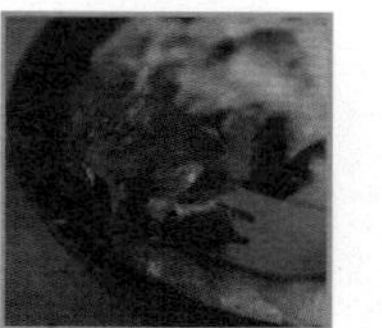

04 오븐에 넣는다면 모차렐라치즈 등 아무거나 치즈를 조금 올려줘도 맛있다. 파마산 치즈가루를 뿌리고 구워도 굿! 굿! 굿!

05 간단한 샐러드와 함께 심심하다면 토마토소스나 페스토를 곁들여 먹어도 괜찮다. 살사나 과카몰리, 사워크림을 얹어 먹으면 멕시코스러운 느낌이 난다. 각종 야채 말고 팬에 얇게 썬 감자를 층층이 쌓고 그 위에 달걀을 부으면 스페인식 감자오믈렛이 된다.

•
•
•

셰퍼드 파이

영국에 잠깐이라도 있었다면 모두들 '우웩!' 하는 셰퍼드 파이. 셰퍼드 파이는 토마토소스를 넣은 고기 스튜 위에 매시트포테이토를 덮어 오븐에 살짝 구운 것이다. 하지만, 다들 너무 많이 먹어서 그런 거고, 잘 만들면 생각보다 맛있다. 내가 아는 한 아주머니는 남편과 함께 부부가 오페라싱어인데, 이 셰퍼드 파이를 정말 맛있게 만들 줄 알았다. "이게 그거야?" 하고 깜짝 놀랄 정도. 그 아주머니가 오페라싱어의 목소리로 전수해 준 레시피다. (아, 나는 왜 레시피가 음악처럼 들리는 걸까.) 이걸 무쇠냄비에 가득 만들어 테이블 위에 올리면, 정말 목동의 검소한 저녁 식사 같으면서도 듬직한 느낌이 든다. 한겨울에 레드와인 한 잔과 함께 먹으면 난로보다 낫겠

셰퍼드 파이

+ **먹다 남은 소고기 갈아서 한 덩어리 (250g 정도)**
+ **홀토마토캔 푸드프로세서에 갈아서 퓌레로 만들어서 3스푼 가득 (그냥 토마토를 갈거나, 정 없으면 케첩을 쓴다)**
+ **양파 반 개 잘게 다져서**
+ **마늘 1개 잘게 다져서**
+ **당근 새끼손톱만 한 크기로 잘라서**
+ **타임과 로즈메리 한두 줄기(없어도 그만)**
+ **우스터소스 2스푼 가득**
+ **마시다 남긴 혹은, 잠시 후 마시려고 따놓은 레드와인 와인잔으로 한 잔**
+ **치킨스톡이나 고형 치킨부용 물에 풀어서 와인보다 조금 더(없으면 그냥 물)**
+ **콩 1줌 (콩 통조림이 편하다)**

•
•
•

다. 냉장고 청소용으로도 그만! 그 아주머니의 패션프루츠 뿌린 파블로바도 일품이었는데, 당최 패션프루츠를 구할 수가 없어 만들어 먹을 수가 없네. 아쉬울 따름. 다른 과일을 얹은 파블로바는 나에겐 아무 의미가 없거든.

01 무쇠팬 하나와 그냥 냄비 하나를 준비한다. 보통 냄비에는 감자를 삶을 예정. 물에 감자를 넣고 삶는다. 오븐도 180도로 예열을 시작한다.

02 무쇠팬을 달구고 올리브오일을 두른다. 소고기를 넣고 센 불에 잠깐 볶는다. 고기가 갈색으로 대강 변하면 양파와 마늘, 당근, 로즈메리와 타임, 월계수잎, 콩을 넣고 또 볶는다.

03 토마토퓌레나 케첩, 우스터소스를 넣고 잘 섞어서 재료들이 양념을 다 먹고 물기가 거의 없어질 때까지 2~3분 볶다가, 치킨스톡과 레드와인을 붓고 걸쭉해질 때까지 끓인다.

04 한편 그 옆 불에서는 감자가 다 삶아졌다. 물을 버린 냄비에 감자를 잠깐 그대로 두어 물기를 날린다. 이 과정이 있으면 감자가 더 포슬하고 맛있어진다. 냄비를 들어 앞뒤로 흔들어서 뒹굴뒹굴 감자를 굴려가며 말려주면 된다. 포테이토매셔나 포크로 감자를 부드럽게 될

- **올리브오일 재료 볶을 만큼**
- **월계수잎 1개**
  (로즈메리, 타임, 월계수잎 중 한 가지쯤은 있는 편이 좋다)
- **감자 3~4개**
- **달걀노른자 1개**
- **버터 1스푼**
- **파마산 치즈가루**
  (혹은, 갓 갈아낸 파르미자노)
- **한 테이블스푼 가득**
- **우유나 생크림 5~8테이블스푼 정도**
  (감자의 농도를 봐가면서 약간 첨가)
- **소금, 후추**

때까지 으깨준다. 소금, 후추로 간하고 버터와 파마산 치즈가루도 넣어준다. 감자가 약간 식으면 달걀노른자 하나도 깨 넣고 잘 섞어 준다. 우유나 생크림 한두 숟가락으로 농도를 조절해 주면 된다.

05 무쇠팬의 소고기 내용물이 다 준비되었으면 그 위에 감자를 주걱으로 덜어서 올려준다. 가장자리부터 시작해서 가운데로 가는 게 요령. 국물을 제대로 졸여주지 않았다면 감자가 국물 속으로 빠지게 된다. 머랭을 구울 때처럼 뾰족뾰족한 뿔을 포크로 만들어 줘도 먹음직스럽고, 주걱을 한 번 크게 돌려서 컵케이크의 프로스팅처럼 정리해 줘도 좋다. 짤주머니에 매시트포테이토를 넣고 한껏 모양을 내주는 사람도 있지만, 나는 그저 자연스러운 게 제일 먹음직스럽다고 생각하는 편. 모양을 내는 거야 만드는 사람 자유다. 그 위에 파마산 가루 남은 것을 솔솔 뿌려준다.

06 180도 정도로 예열한 오븐에 10~15분을 구워준다. 아래의 소고기스튜가 부글부글 끓어오르고 매시트포테이토가 갈색으로 노릇하게 구워질 때까지. 딱 먹음직스럽다.

07 두툼한 오븐장갑을 끼고 커다란 샐러드 하나와 함께 미리 차려놓은 테이블에 무쇠냄비 통째로 올린다. 커다란 나무 스푼을 깊숙이 찔러 넣어 접시에 옮겨 담는다. 이걸 먹을 때마다 오페라 아줌마는 말했다. “Dig Deep!(깊이 파!)”

안녕, 새벽 김밥 엄마 김밥의 맛

회사를 관두고 나면 먹을 기회가 없어지는 것들이 있다. 배달 중국 음식, 김밥, 인스턴트커피다. 시도 때도 없이 시켜먹던 중국 음식도, 아침 출근길에 사서 입에 털어 넣던 천 원짜리 김밥도, 수년간의 회사생활로 터득한 비법 비율의 인스턴트커피도 어느새 슬그머니 잊어버리게 된다. 뭐 그리 아쉬울 건 없지. 평생 못 먹어도 좋으니 나 그냥 집에 있게 해주세요.

그러고 보니 언제부터 이렇게 김밥이 은박지에 말려 있는 천 원짜리 싸구려 간식거리로 전락했는지 모르겠다. 어렸을 적 김밥은 엄마가 해주는 엄마표 김밥이 유일했던 데다가 그마저도 1년에 몇 번 먹을 수 없는 꽤나 특별한 메뉴였는데 말이다.

내가 기억하는 엄마의 김밥은 무엇보다 그 압도적인 크기를 첫 번째 '맛'으로 꼽아야 할 것이다. '마가렛트'와 '빅파이'의 중간 정도? 아마 우리 반에서 제일 큰 김밥이었을 거야. 한 줄을 먹으면 밥 두 공기는 될 것 같은, 손도 크지 않은 엄마가 유난히 김밥을 말 때만은 속 재료를 잔뜩 넣는 바람에 늘 그런 사이즈가 되고 말았었다. 게다가 맛도 사이즈만큼이나 푸짐했는데 얄팍한 햄 대신 간 소고기를 달달하고 짭조름하게 볶아서 양껏 넣었던 게 그 비밀 레시피가 아니었나 싶다.

며칠 전 갑자기 이 김밥이 먹고 싶어졌다. 그러니까 엄마표 김밥. 하지만 난데없이 김밥을 싸내라고 하면 오천 원 던져주시면서 맛있게 사먹으라고 하실 테니 먹고 싶은 내가 말기로 결정했다. 그런데 김밥은 한 번도 말아본 적이 없는걸.

소풍날 아침, 잠옷 바람으로 달걀지단이며 시금치며 소고기를 김밥과 함께 손으로 집어 먹던 기억을 떠올려 재료를 준비한다. 밥을 고슬고슬 지어서 식초와 소금, 설탕, 깨를 뿌려 잘 섞은 다음 한 김 식히고, 계란은 녹말물을 약간 섞어서 통통하고 부드럽게 지단을 부쳐 자르고, 단무지, 간장/설탕에 조린 어묵, 살짝 데쳐서 간한 시금치, 그리고 가장 중요한 양념소고기까지 준비 완료! 그리고 부엌 바닥에 신문지를 깐다. 역시 김밥은 테이블이고 뭐고 그저 바닥에 잔뜩 늘어놓고 신문지 위 도마에서 말아야 맛이라고. 그다지 순탄하지는 않은 김밥 말기였다. 달걀이 모자라 다시 부치고, 밥도 모자라 20분을 기다려 다시 하는 일까지 발생했지만 어쨌거나 그럭저럭 아홉 줄을 성공시키긴 했다지.

이걸로 나의 첫 김밥이 완성. 하지만 아쉽게도 엄마의 맛은 안 나더라. 당연히 안 난다고 해야 맞는 거겠지만.

무엇보다, 혼자 방바닥에 신문지를 깔고 앉아서 김밥을 말고 있으려니 그것 참 별로더라. 김밥이란 음식은 모름지기 새벽녘 방문 사이로 스며들어오는 시큼한 식초와 달콤 짭짤한 소고기 양념 냄새, 고소한 참기름 냄새를 맡으며 일어나 잠옷 바람 그대로 따끈함이 남은 갓 싼 걸 쪼그리고 앉아 슬쩍 집어먹는 맛인데, 달걀지단과 소고기를 킁킁킁 넘보고 있는 고양이들을 발로 밀어내면서 혼자 앉아 이러고 있으려니 이건 영 기분이…….

그러다 문득 엄마의 첫 김밥은 어떤 맛이었을까 하는 생각이 들었다. 아마도 내가 유치원을 가고 첫 소풍을 가면서 첫 김밥을 싸보셨겠지. 분명 나처럼 어쩔 줄 몰라 하면서 계란이 보사라 계란을 더 부치기도 하고, 양념해 졸인 어묵이 한가득 남아서 그 후로 3일 동안 밥반찬으로 먹어 없애기도 하면서. 지금의 내 나이 때쯤이셨으려나 했는데 생각해 보니 나보다 어린 나이셨겠다.

먹어 보고 싶다, 지금의 나보다 어렸을 엄마가 날 위해 싼 첫 김밥.

흉내만 내는 엄마 김밥

기왕 엄마 김밥은 못 만들게 된 것, 21세기 김밥을 만들어 먹는 편이 덜 실망하겠다. 크림치즈와 연어를 넣으면 캘리포니아롤처럼 될 거고, 멸치볶음, 장조림을 넣으면 냉장고 청소용 밑반찬 김밥, 잘 만 김밥을 계란지단에 한 번 굴려서 말아주면 그건 계란김밥이겠다. 날치알과 잘게 채 썬 오이, 무순 등의 조합도 맛있다. 안에 들어가는 재료를 일일이 하나씩 준비해야 하기 때문에 김밥이 귀찮은 거지만 손이 안 가는 날치알이라든가 장조림 같은 재료를 쓰면 별 힘든 것 없이 색다른 김밥을 먹을 수 있다.

하지만 '그래도 나는 추억의 김밥 흉내라도 내야겠어!'라는 분들을 위해 다음 아주 짧디짧은 요리법이 나간다. 자세한 내용은 각자 자기 엄마에게 문의하자. 엄마 김밥은 엄마한테 물어봐야지, 나한테 물어봐서야 되겠나.

김밥을 처음 말 때는 어느 재료를 얼마큼 준비해야 하는지가 전혀 감이 안 온다. 길지 않은 내 김밥 경험으로 보건대 보통 크기의 김밥 다섯 줄쯤을 만든다면, 밥은 한 줄에 밥주걱으로 하나가 조금 안 들어간다고 생각하면 된다. 달걀은 세 개, 어묵은 보통 떡볶이에 들어가는 넙적한 걸로 두 장 정도, 시금치는 열 뿌리 정도, 소고기는 한 공기 정도가 되겠다. 이 정도라면 맘 놓고 속이 잔뜩 들어간 마음 넓은 김밥을 만들 수 있다. 사실, 속이 남아도 밥반찬으로 먹어치우면 되니 너무 걱정 말자.

엄마 김밥

- **김밥 한 줄당 밥 한 주걱**
- **달걀 세 개**
- **넙적한 어묵 두 장**
- **시금치 열 뿌리**
- **소고기 밥공기로 한 공기**
- **김밥 다섯 줄 정도를 말 수 있다**

01 밥: 고슬고슬하게 지어서 뜨끈할 때 식초와 설탕을 섞은 촛물을 휙 휙 뿌리고 주걱을 세워서 자르듯이 섞어준다. 밥알이 깨지지 않도록. 그리고 한 김 식혀준다.

02 단무지: 마트에서 기다랗게 잘려 있는 김밥용 단무지를 사면 된다. 너무 당연한 이야기.

03 시금치: 씻은 시금치를 소금을 넣은 끓는 물에 짧게 데친다. 넣었다 빼면 되겠다. 그러고는 참기름과 마늘, 간장으로 조물조물 무쳐준다. 간은 약하게 해야겠다. 사실 귀찮아서 그냥 데친 시금치를 바로 넣기도 한다.

04 달걀: 달걀을 큰 볼에 풀어준 다음 소금 후추 간을 살짝 하고 기름을 잘 두른 팬에 부친다. 조금 두껍고 폭신하게 하고 싶으면 녹말물을 한두 숟갈 달걀물에 넣어서 섞어준다. 달걀지단이 통통해진다.

05 소고기: 갈아 놓은 소고기를 불고기 양념하듯 물엿, 설탕, 간장으로 양념해 팬에 잘 볶아둔다. 소고기 대신 햄을 넣는 집도 많다. 각자의 엄마 김밥을 생각해 보자.

06 어묵: 소고기를 넣으면 어묵을 생략해도 되지만 난 다 넣고 싶은 욕심에 어묵도 넣었다. 소고기랑 비슷한 양념으로 양념해서 살짝 조린다.

07 이 외에 선택 가능한 재료들로 게맛살, 채 썰어 볶은 당근, 가늘게 자른 오이, 양념해 조린 우엉 등이 있으며, 요즘 김밥 스타일로 마요네즈 참치나 노란 슬라이스치즈를 넣어도 그만.

08 김밥용 김 한 장에 밥을 한 주걱 떠서 잘 편다. 김을 가로로 5등분 한다고 생각하고 아래에서 2/5 지점부터 4/5 지점까지 밥을 펴주면 깔끔하게 말 수 있다. 속을 가운데에 가지런히 넣고 요령껏 말아보자. 한두 줄 말면 금세 요령이 생긴다.

09 몇 명 모여서 맘에 드는 김밥 재료를 잔뜩 펼쳐놓고 각자 알아서 김 한 장에 말아 먹으며 수다라도 떨면 최소한 내가 그랬던 것만큼 궁상맞지 않을 수도 있겠다.

Afternoon table

10 A.M.

3 P.M.

3 P.M.

오후 3시를 위한 식탁

8 P.M.

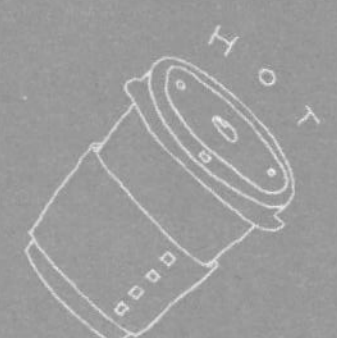

1 A.M.

복수의 햄버거

궁극의 햄버거와 파마산 감자구이, 레모네이드

그런 남자가 있었다.
음식의 맛에는 관심조차 없고 그저 음식은 밥이고 밥은 배를 채우기만 하면 되며, 빨리 미래가 되어 알약 하나를 입 속으로 털어 넣으면 그걸로 끼니가 때워지길 바라는 그런 사람. 무엇을 만들어 줘도 "응, 맛있어", 어떤 이름난 레스토랑의 유명한 셰프의 요리를 애써 예약해 먹여줘도 "응, 맛있지만 네가 만들어 준 게 더 맛있어" 등의 자동응답기같이 건조한 대답을 남발하는 그런 사람.
나와는 상극일 수밖에. 지루했다. 사실은 분노했다. 루꼴라의 쌉쌀하고 묵직한 맛을 고작 "풀이 뭐 이렇게 써!"라고 타박하고, 치즈라면 노란 슬라이스치즈라며 고르곤촐라의 꼬리꼬리한 감칠맛에 코를 부여잡거나, "이거 해줄까?", "저거 해줄까?" 이래도 그저 라면이나 먹자는 이른바 식도락과는 담을 쌓은 남자. 이 남자, 대체 무슨 재미로 사는 걸까.

이 김에 돌아보니 그는 단 한 번도 내 친구들이 나의 음식에 쏟아준 찬사의 반에 반도 보여준 적이 없었다. 내가 무엇을 탓하리. 그에게 그저 음식이란 연료일 뿐이었다. 3일 썩은 계란 냄새와 싱크대의 수챗구멍 맛만 나지 않으면 되는 '연료'. 그는 제3세계, 아니 제4세계의 빈곤층보다 더 미개발된 혀를 가졌음에 틀림없었다.

그에게 도전하기로 했다.
참으로 어울리게 이 남자가 제일 좋아하는 건 햄버거였다. 그는 시도 때도 없이 햄버거를 먹어댔다. 사실 이해는 한다. 늘 낮밤 없이 일하는 광고감독인 그가 한밤중에 선택할 수 있는 가장 쉬운 메뉴는 24시간 오픈하

hamburger

01

는 햄버거나 길 건너 스쿨푸드의 분식들뿐일 테니. 어쨌거나 햄버거라면 맥도날드도 좋고 버거킹도 좋고 그리고 놀랍게도 이름난 그 집 햄버거의 명성은 거품이라고 말할 정도로 햄버거에는 조금은 까다로웠다. '하하하, 웃겨. 벼룩도 입맛이 있나 보군', 이라고 중얼거렸지, 몰래.

그래서 나는 그의 핍박과 무시와 평가절하에 복수의 펀치를 날리기로 했다. 점심을 먹으러 오라고 메시지를 보냈다. 여자라면 정면돌파, 메뉴는 햄버거다.
백화점에서 기름이 적당한 등심 부위의 소고기를 사왔다. 아끼면 안 돼. 새로 산 헹켈 나이프로 살을 저민다, 슥슥. 칼이 잘 들어야 음식이 맛있다. 칼날에 재료가 덜 상하기 때문이다. 그가 알 리는 없지만 말이지. 꼭 햄버거 때문에 샀다고 하기는 좀 그렇지만 뭐 핑계 겸 벼르던 칼을 산 셈이다. 햄버거 때문에 칼이라, 이건 배보다 배꼽이 큰 격이지만 여자들의 데이트 준비라고 생각하면 이 정도는 아무것도 아니다. 여자들이 남자와의 데이트를 위해 머리끝부터 발끝까지 상상도 못 할 항목에 돈을 얼마나 쓰는지 알면 다 놀라 자빠질걸? 내가 남자라도 그 속사정을 알고 나면 데이트 비용이고 뭐고 다 내가 내고 싶어지겠다. 아, 무서운 여자들.

이렇게 내 쇼핑을 한껏 정당화시킨 후 평온해진 마음으로 고기를 다진다. 이렇게 손으로 직접 다져야 고기가 살짝 씹히는 식감 좋은 햄버거 패티가 나온다. 보통은 그냥 믹서에 적당히 봐가며 갈지만 왠지 오늘은 다지고 싶었다, 손으로. 그 와중에 포슬포슬하고 큰 감자를 깨끗이 씻어 껍질을 그대로 둔 채 세로로 여섯 등분해 웨지 모양으로 썬다. 코스트코에서 파는 감자가 포슬포슬하니 정말 맛있던데. 70% 정도 익도록 삶은 다음 양념을 더 해 오븐에 넣었다.

다시 고기를 다지는 일에 전념한다. 믹서에 갈아버린 듯 고기를 산산조각 내지 말아야 한다. 어느 정도 고기 조각이 씹히는 식감이 있을 만큼만 다져야 한다. 파르미자노 레자노를 강판에 슥슥 간다. 피자에 딸려 오는 파마산 가루도 상관없긴 하지만 오늘만큼은 이걸로. 오늘은 결전의 날이지 않은가. 양파와 마늘은 곱게 다져서 휙 볶아준다. 고기가 든 볼에 마늘, 양파, 파르미자노를 넣고 소금과 후추 간을 한 다음 넛맥도 조금 뿌려준다.

이제 좀 피곤한 단계. 고기와 양파, 마늘, 달걀 등을 잘 섞어준다. 빵 반죽하듯이 너무 주물주물 만져대면 나중에 빽빽해진다. 머랭 **Meringue 달걀 흰자만을 분리한 다음 힘차게 저어주면 만들어지는 휘핑크림 같은 반죽을 구운 것. 흰자를 휘핑크림처럼 만들어주는 것을 '머랭을 친다' 라고 한다** 처럼 살살, 하지만 잘 섞어준 다음 햄버거 모양을 만든다. 두께가 2센티미터는 족히 넘을 정도로 두껍게 만든다. 패티는 두꺼워야 맛이지. 미디엄 정도로 구울 참이다. 모양을 만들면 드디어 오른손과 왼손을 넘나드는 치대기를 시작한다. 이렇게 잘 치대줘야 고기 사이의 공기가 빠지고 고기들이 빽빽하게 모여서 좋은 패티가 된다는 사실! 이걸 생략하게 되면 한 입 베어 물자마자 부스스 고기 부스러기가 떨어지는 부실한 버거가 되고 만다.

철퍽철퍽. 허벅지와 허벅지가 맞부딪히는 것처럼 색스러운 소리가 난다. 햄버거의 패티가 두 개니 팔이 아파도 제대로 아프다. 그따위 멍청한 혓바닥 때문에 내가 이게 무슨 고생이람.
이 정도면 공기가 쏙 빠지고 고기들은 조금의 틈도 없이 빽빽하게 붙었을 거다.
두꺼운 무쇠팬을 뜨겁게 달군다. 머리카락이 닿으면 하얗게 타버릴 듯 뜨거운 무쇠팬에 패티를 올린다. '치치치칙' 하면서 단숨에 구워진다. 도마 위의 칼이 통통통 튀는 소리도 좋지만 뭐니 뭐니 해도 팬 위에서 음악 소리처럼 울리는 이 '치이익' 소리가 제일 좋더라. 뒤집어서 반대편도 익혀준다. 감자를 굽던 오븐에 버거도 넣는다. 미디엄 정도로 굽는다. 소고기는 무조건 미디엄이다. 특히 좋은 소고기를 썼다면 많이 익히는 것은 이미 죽은 소를 한 번 더 죽이는 셈. 좋은 재료들은 최대한 손을 덜 가게 먹는 게 예의다. 고기라면 카르파초 **Carpaccio 생선살이나 고기를 회처럼 날것으로 얇게 썰어서 먹는 이탈리안 전채요리** 와 육회, 생선이라면 회다.

한쪽 팬에서는 특별히 토핑으로 준비한 스모키한 판체타 **이태리식 베이컨** 를 바삭하게 구워준다. 베이컨보다 바삭하고 풍미가 좋다. 물론 양파와 토마토도 빼놓을 수 없지. 양파를 발사믹 식초와 설탕에 마구 볶고 졸여서 카라멜라이즈드 어니언을 만들어 얹어 먹어도 무척이나 맛있겠지만 오늘은 패티에 집중하는 것이니 적당한 두께로 썰어 물에 살짝 넣어두기만 했다. 양파가 너무 매우면 레몬즙을 살짝 뿌려두면 된다. 아주 살짝 노릇하게 햄버거 번도 구워두었다.

햄버거 빵에 이백 몇 년 전통이라는 프렌치 디종머스터드와 씨겨자를 섞어 바른다. 베란다에서 따온 루꼴라 몇 잎을 덮고, 로메인 한 잎과 양파,

토마토로 그 위를 덮어준 다음 여기에 두툼하게 잘 구워진 패티를 올렸다. 소스는 필요없다. 노랗고 두꺼운 체다치즈를 얹는다. 뜨거운 패티 때문에 살짝 녹아야 맛이다. 아까 패티를 익힐 때 미리 얹었어도 좋겠다. 마지막으로 구워둔 베이컨을 올리고 나면 오븐에서 노릇하게 구워준 감자를 꺼낼 차례다. 커다란 접시에 햄버거와 감자가 자리를 잡는다. 일주일 전에 만들어 둔 레몬절임에 스파클링 워터를 부어 레모네이드를 만든다. 커다란 컵에 노란 레몬과 핑크빛 스트로가 보기 좋다. 그리고 몇 년 전 영국 런던의 클라리지 호텔에서 맛봤던 최고의 모히토를 흉내낸 테킬라베이스 모히토도 만든다. 럼보다 더 강렬한 맛이다. 싸구려 테킬라는 맛을 망치고 만다, 그러려면 그냥 럼을 쓰고 말지. 얼마 전 남미를 갖다 온 친구가 선물한 귀한 테킬라가 있거든.

난 지켜보겠다.
이걸 먹고도 심드렁하게 "으흥, 맛있어"라고 자동응답기 같은 멘트를 날리며 테이블 가장자리에 팔꿈치를 걸고 여물을 씹는 소 모양으로 질겅질겅 씹어댈 것인지. 나에게 혀는 없는 것처럼 마시듯 목구멍으로 넘겨버린 다음 벌떡 일어나 냉랭한 "잘 먹었어"를 또 자동응답기처럼 날리며 회사로 돌아가 버릴 건지. 만에 하나(아마 그러겠지만), 이 맛에 감동의 눈물을 흘린다 해도 이건 오늘 이후 다신 만들어 주지 않을 거다.
왜냐면 이건 내 복수의 한 접시니까.

궁극의 햄버거와 파마산 감자구이, 레모네이드

궁극의 햄버거

01 고기는 기름이 약간 있는 부위로 고른다. 다져진 것을 사오는 것보다 집에 와서 차라리 푸드프로세서로 다지는 편을 권한다. 입 속에서 고기 조각이 씹히는 맛이 있는 게 더 좋기 때문. 그리고 갈아서 파는 고기는 어느 부위가 들어갔는지 알 길이 없다.

02 양파와 마늘을 다져서 올리브오일 두른 팬에 살짝 볶는다. 너무 센 불에 볶아서 마늘을 태우지 않는 게 좋다. 중불쯤에서 계속 저어 가며 볶으면 만점.

03 팬에서 꺼낸 마늘과 양파를 다진 고기를 넣고, 소금과 통후추로 간을 한 다음 파마산 치즈가루를 크게 두 숟갈 넣는다. 더 넣어도 상관없다. 넛맥도 있다면 살짝. 취향에 따라 오레가노나 타임, 세이지로 향을 더해도 색다르다.

04 달걀을 하나 넣은 반죽을 잘 섞은 다음 햄버거 모양으로 만든다. 달걀이 커서 반죽이 질척하면 빵가루로 수분을 잡아주면 된다. 이 빵가루는 단지 양을 늘리는 데 필요한 게 아니다. 수분도 조정해 주는 동시에 고기를 구우면서 나오는 육즙을 아깝게 팬에서 사라져 버리지 않도록 이 빵가루들이 잡아준다!

05 준비한 햄버거 빵보다 아주 조금 더 큰 모양으로 빚는다. 패티가 살

궁극의 햄버거

- **소고기 150g(두툼한 패티 2개 분량)**
- **양파 반 개 다져서**
- **올리브오일 양파 볶을 만큼만**
- **파마산 치즈가루 2스푼 가득**
- **넛맥 약간**
- **오레가노 조금**
- **타임 2줄기(없어도 그만)**
- **이태리 파슬리 조금 다져서(없어도 그만)**
- **달걀 1개**
- **빵가루 반 컵쯤**
- **소금, 후추**
- **햄버거 빵**
- **토마토 둥글게 썰어서 한두 조각**
- **양파 동글동글하게 얇게 썰어서 약간**
- **상추나 로메인 레터스 1장**
- **루꼴라 약간**
- **스모키하고 얇은 베이컨 바삭하게 구워서 몇 장**
- **고다 또는 체다 치즈**

짝 삐져나와 있는 모양이 먹음직스럽더라. 가운데를 엄지손가락으로 눌러 움푹 파이게 한다. 구우면 가운데가 동그랗게 부풀어 오르기 때문. 모양을 만든 다음, 고기 사이의 공기가 빠지도록 인내심을 가지고 잘 치대준다.

06 토마토와 양파는 얇게 썰어둔다. 양파가 너무 매우면 잠깐 물에 담가두거나 레몬즙을 약간 뿌려준다.

07 잘 달군 팬에 패티를 굽는다. 패티를 뜨거운 팬에 올리고 겉만 '치이익' 익힌 다음 바로 불을 줄인다. 육즙이 안에 갇히고, 속까지 잘 익는다. 겉만 익힌 다음 오븐에 넣는 방법도 있다. 오븐에 넣었는데 겉이 너무 탈 것 같으면 은박지로 덮어주도록. 칼로 살짝 찔러봤을 때 맑은 육즙이 나오면 다 익은 거다. 어느 정도 익힐지는 알아서 고르시길.

08 다른 팬에 베이컨이나 판체타를 굽는다. 얇고 스모키할수록 좋다.

09 거의 다 구워진 패티 위에 두껍게 썬 체다치즈를 얹어 1~2분 정도 먹음직스럽게 녹인다.

10 살짝 구운 햄버거 빵 양면에 머스터드를 얇게 바른다. 프렌치 디종도 좋고, 씨겨자도 좋다. 여기에 씻어둔 채소(루꼴라라든가 베이비채소, 상추, 로메인 등 냉장고 사정대로, 취향대로)를 한두 장 올리고 토마토-양파-패티-치즈-베이컨 순으로 쌓는다. 여기에 바비큐소스를 뿌리면 바비큐버거가 되는 셈이다.

11 햄버거는 다섯 손가락을 전부 사용해 꼭 잡은 다음 단호하게 입을 벌려 크게 베어 물고는 표정을 싹 바꿔 내가 언제 그렇게 입을 벌렸냐는 듯 오물오물 당차게 먹어주는 게 보기 좋다.

•

•

•

파마산을 뿌린 감자허브구이

감자는 튀긴 감자가 제격이지만, 역시 부담이 되는 게 사실. 그래서 대신 칼로리는 심플하지만 맛은 기절할 만한 파마산 감자오븐구이를 소개한다. 작은 차이가 명품을 만드는 법. 마지막에 뿌려준 파마산 가루가 구워지면서 바삭하게 덮이는 특별한 감자구이다. 나에게 이 레시피를 책에 올릴 수 있도록 허락해 준 저 멀리 이탈리아의 블로거 '발랄가또' 님에게 다시 한 번 '그라체!'

01 큰 감자를 웨지모양으로 썬다. 대략 6~8등분이 된다. 길쭉하게 썰려서 나중에 바삭한 면이 더 많아져 맛있다. 감자는 포슬거릴수록 좋

다. 물에 넣고 5분 정도 삶아준다. 포크로 찔러보면 약간 안이 단단한 정도다. 이 정도로 삶아주어야 나중에 오븐에서 나머지가 익으면서 허브향이 스며들기 좋다.

02 감자가 3개 정도라면 마늘도 3개 정도. 반 가른다. 슬라이스해도 좋지만 통째로 넣어서 나중에 마음 내키면 먹을 예정이다. 로즈메리, 타임, 오레가노 등 감자랑 어울리는 허브들이면 어느 것이나 좋다. 향이 살짝 밸 정도로 한두 줄기 정도만 넣어준다. 말린 허브를 넣는다면 양을 더 줄여야 한다. 향이 더 강하기 때문. 티스푼으로 반 스푼쯤 흩뿌려 주면 되겠다.

03 오븐팬에 감자를 넣고 마늘과 허브도 뿌려준다. 오일과 굵은 소금, 후추를 뿌리고 뒤적뒤적 잘 섞어준다. 될 수 있으면 굵은 소금을 고집해 줄 것을 부탁한다. 구이에는 굵은 소금이 제격이다.

04 오븐에 넣고 180도쯤에서 노릇하게 색이 날 때까지만 구워주면 된다. 그릴도 괜찮다. 중간에 한 번 뒤적뒤적해서 앞뒤를 바꿔주는 센스.

감자허브구이

+ **감자 2개**
+ **마늘 1톨**
+ **로즈메리나 타임, 혹은 오레가노 중 원하는 허브 조금**
+ **굵은 소금**
+ **올리브오일**
+ **통후추**
+ **파르미자노 레자노 갓 갈아서 한 줌 (혹은 그냥 파마산 치즈가루)**

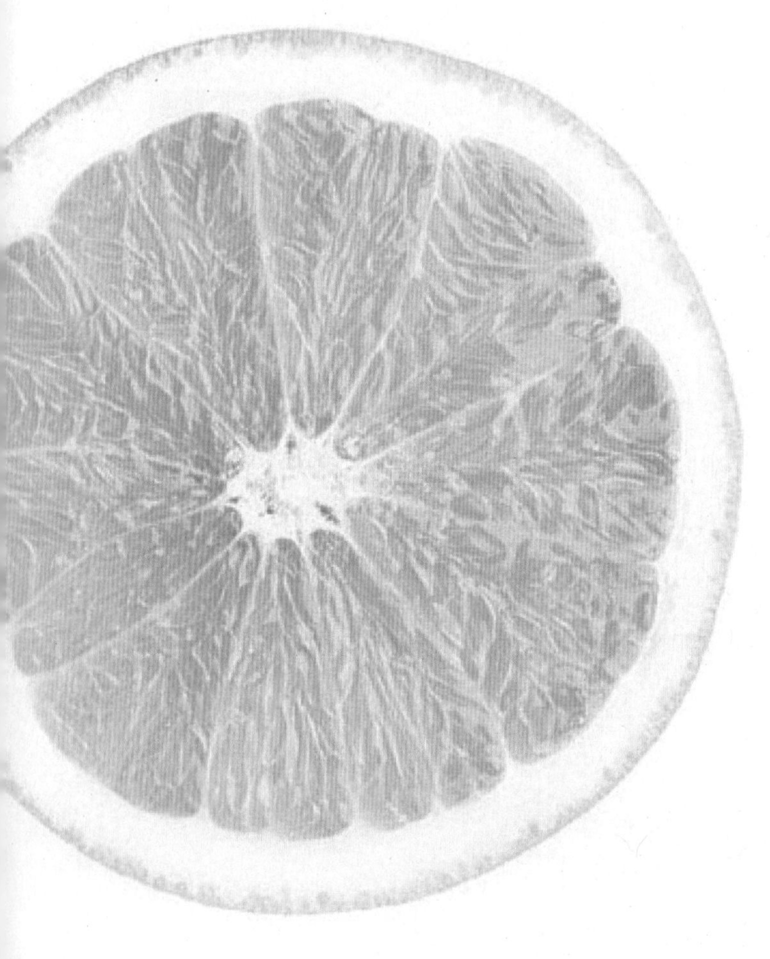

홈메이드 레모네이드

여름 해가 뜨기 시작하면 생각나는 레모네이드. 레몬을 열 개쯤 얇게 썰어서 한 통 만들어두면 일주일쯤은 시원하고 상큼하게 지낼 수 있다. 고양이 손도 만들 수 있을 정도로 간단하다. 칼질만 좀 하면.

홈메이드 레모네이드

- + **레몬**
- + **베이킹소다나 굵은 소금(레몬 씻을 때 필요하다)**
- + **꿀이나 시럽**
- + **스파클링워터나 토닉워터**

01 레몬을 베이킹소다나 과일 전용 세제, 굵은 소금 등으로 아주 잘 씻어 얇게 슬라이스한다. 채칼을 사용하면 눈 깜짝할 새, 간편하다.

02 유리병에 레몬 슬라이스를 겹겹이 채워 넣고 꿀을 듬뿍 넣는다. 단맛은 나중에 먹을 때 조절해도 괜찮으니 처음부터 꿀을 너무 많이는 넣지 말 것. 꿀도 향이 강한 종류는 안 쓰는 게 좋다. 그런 꿀을 쓰느니 차라리 설탕이나 시럽이 낫겠다. 꿀 향기 때문에 레몬 향이 죽는다.

03 하루쯤 냉장고에 보관했다가 스파클링워터나 토닉워터를 유리컵에 얼음과 함께 채우고, 레몬 슬라이스와 아래에 고인 주스도 넣어 준다. 사이다를 쓰면 너무 달고 향도 싸구려가 되니 피할 것.

04 꿀이나 시럽, 설탕으로 단맛의 정도를 조절한다. 민트잎으로 장식하면 그 어디서 파는 레모네이드도 부럽지 않다.

시작은 고생이나 끝은 중독이리라, 올드 베스파와 코리안더

취향의 허브, 레몬 코리안더 치킨커리

예쁜 것들은 골치 아프다.

새로 산 프렌치 레이스의 실크 브라와 팬티는 처량하게 세면대에 서서 손으로 조물락조물락 빨아줘야만 한다. 예술적으로 층층이 쌓인 밀푀이유 Millefeuille '천 겹'이라는 뜻을 가진 프랑스식 고급 디저트. 얇고 바삭한 패스트리와 크림, 커스타드 등을 층층이 쌓아 만든다 는 눈이 즐겁기 그지없지만, 먹기에는 이보다 성가실 수가 없다. 접시가 캔버스이고 소스가 물감인 양 그림처럼 그려진 이 디시도 아름답긴 한데 어쩐지 먹기에는 얌체 같다. 빛이 날 정도로 하얗고 하늘하늘한 실크 시폰이 몇 겹으로 겹쳐진 이 디자이너 라벨의 드레스도, 베이지 컬러의 뱀피로 만들어진 이 빈티지 슈즈도 애지중지하다가 보면 이걸 진짜 걸치라는 거야, 말라는 거야 라는 생각이 들 정도다. 그렇게 온몸과 머리까지 바짝 긴장하게 만드는 이런 것들은 그래서 기억해야 할 날 입기 딱이다. 바짝 긴장해서 일어나는 모든 일과 느껴지는 모든 감정을 쏙쏙 빨아들이거든. 그 높은 킬힐 위에서 살아남기 위해 온몸에 힘을 주다 보면 엉덩이는 3인치쯤 올라붙고 허리는 곧게 세워져 온몸을 런웨이의 모델처럼 팽팽하게 만들어 주는 부가적인 효과가 있는 것처럼 말이다. 이건 머리가 어질해질 정도로 아름다운 음식들을 그렇게나 끊임없이 먹고 났는데도 배는 부르지 않은, 의도치 않은 다이어트가 되는 듯한 길고 화려한 풀코스 식사와도 그 메커니즘이 비슷하겠다.

잇백 it bag 도 빼놓으면 안 된다. 보는 순간 한여름 아이스바처럼 내가 (혹은 지갑과 크레디트카드를 컨트롤하는 뇌가) 녹아버릴 만큼 예쁘지만, 들고 다니기에는 녹아버린 아이스 바로 끈적해진 손만큼이나 성가시다. 휴대폰과 지갑만 넣어도 도대체 무거워 견딜 수가 없다. 가끔 이

백을 아령인 양 들었다 놓았다 하는 것만으로도 내 삼두근이 봉긋 솟아오르기에는 부족함이 없을 것 같다. 잇백이라 불리는 백들을 내놓는 디자이너들은 다들 사디스트일지도 모른다는 생각이 든다. 온몸을 꼿꼿하게 만들어 하이힐 위에서 살아남는 것도 모자라 이 무거운 백까지 들어야 한다니 여자의 고충은 한 달에 한 번 겪는 생리나, 아래위 다 사느라 두 배로 돈이 드는 속옷 쇼핑, 신경을 곤두서게 하는 제모에만 있는 게 아니라는 걸 모두 알아야 한다.

나를 불친절한 하숙집 주인 같은 윈도즈의 구렁텅이에서 건져내 준 내 블랙 맥북과 맥미니도 있지. MAC OS는 일단 만져보기만 하면 쏙 빠질 정도로 멋진 데다가 나를 위해 만들어졌구나라는 생각이 절로 들게 하지만 역시나 우리나라에서는 결제도 안 되고, 안 열리는 웹페이지도 수두룩한 데다가, 이래저래 윈도즈를 쓰는 사람들과 일을 할 때는 귀찮기 그지없다. 물론, 나는 그렇다고 해서 이 아이를 포기하고 다시 그 촌스럽고 독재적인 윈도로 돌아갈 생각은 눈곱만큼도 없다. 나를 '맥 긱 Mac Geek'이든 '애플팬걸 apple fangirl'이든 '맥빠'든 뭐라고 불러도 상관없다. 맥은 코리안더 허브의 일종으로 실란트로, 고수라고도 한다. 중남미, 동남아, 지중해, 중동지역에서 많이 먹는다 다. 처음에는 먹기가 고역이고, 내가 왜 굳이 이 이파리 때문에 이 고생을 하고, 내 음식을 망치는 건가 싶지만, 한 번 먹고 두 번 먹다 보면 어느새 중독이 되어버린다는 그 전설의 허브, 이거야말로 취향의 허브다. 일단 이 코리안더에 맛을 들이고 나면 내가 알던 쌀국수의 맛도, 엔칠라다의 맛도 새로운 국면을 맞이한다. 내가 맥의 세상으로 빠지고 난 후, 내 남자친구가 나를 'IT 된장녀'라고 부르기 시작한 것처럼 말이다. 세상에나, 이 동네에 한 발을 들여놓고 나니, 정말 별천지가 있더라고. 온갖 재치 있는 웹서비스들이며, 재미있고 쓸모 있는 수많은 웹프로그램들이며. 고작 윈도에서 동영상이나 돌리고 워드나 치던 때와는 다른 세상. 물론, 맥을 써야만 만날 수 있다거나 하는 건 절대로 아니지만 한 발을 들여놓아 거부감이 없어지고, 용기가 생기고, 관심을 가지는 게 그래서 중요한 것이었더라. 코리안더로 새로운 향과 맛의 문이 하나 더 열리는 것처럼. 열어야 할 맛의 문은 〈몬스터 주식회사〉에 등장하는 문만큼이나 많다. 나는 꼭 다 열어 내고 말 테야.

그러나 무엇보다 내가 겪어본 이 '골치 아픈 예쁜 것'의 절정은 베스파 **Vespa** 다. 내 남자친구는 70년대생의 올드 베스파와 그보다는 덜 오래된 PX 두 대를 갖고 있고, 작년에는 나에게 피아지오 **Piaggio, 베스파가 나오는 이탈리아 회사** 에서 나온 차오 **Ciao**라는 80년대생 모페드 **Moped 자전거의 페달과 모터사이클의 엔진이 함께 달린 오토바이의 일종. 국내에서는 네덜란드 브랜드인 토모스(TOMOS)를 흔하게 볼 수 있다** 를 선물할 정도로 베스파를 좋아한다. 굉음을 내며 죽자고 달리면서 사람 잡는 오토바이나 마흔다섯 살쯤이나 되어야 제멋이 나오는 할리 데이비슨에 빠진 게 아니라 얼마나 다행인지 모른다.
그런데 이놈의 베스파, 정말 골칫덩어리 그 자체다. 누가 봐도 한 번 돌아볼 정도로 묘한 하늘색의 빈티지 베스파가 특히나 그렇다. 이렇게 이쁜 것이 고작 한다는 짓은 아무리 고쳐줘도 기름이 새거나, 기어가 잘 안 먹거나 몸값보다 훨씬 비싼 수리비를 물게 하는 것이다. 잘하는 한 가지는 이쁜 거고, 못하는 것들은 수도 없이 많다. 내가 뒤에 앉기라도 하면 약간만 경사가 있는 언덕도 올라가길 거부한다. 덕분에 나는 내려서 헉

헉거리며 언덕을 걸어 올라가고, 이 늙은 베스파는 꼭대기에서 애인을 등에 앉히고는 얄밉게 나를 내려다보며 혀를 내밀고 있다. '여자인 게 틀림없어, 저 베스파.' 신호를 기다리던 교차로에서 예고 없이 시동도 꺼진다. 그러면 우리는 얼굴이 빨개져 미안하다고 연방 말하며 구석으로 이 늙은 여우를 끌고 가 살살 달래야 하는 것이다. 그래도 포기할 수도 미워할 수도 없다. 너무 예쁘니까. 역시 이쁘고 봐야 하는 건가. 그렇게 고생을 해도 멈출 수 없다. 오드리 헵번이 로마의 휴일에서 탔던 그 오리지널 휀더라이트도 갖고 싶고, 이태리 여자들의 엉덩이처럼 아찔해질 만큼 풍만한 곡선을 자랑하는 스완넥도 빈티지 냄새 팍팍 풍기는 페일 옐로 컬러로 갖고 싶다. 타지 못해도 그저 보는 것만으로 황홀하다.

이런 고충을 짊어지고 있는 모든 올드 베스파 오너들은 그래서 길에서 우연히 다른 베스파를 마주치면 버스 기사 아저씨들이 하듯 서로에게 손을 흔든다. 그것도 매우 반갑게. 요즘 나오는 새 모델의 오너들도 손을 흔들지만, 정말 반가운 인사는 이렇게 올드 베스파가 손을 흔들어 줄 때이다. "내가 네 맘 다 알지, 하지만 우린 버텨야 해. 왜냐면 예쁘니까" 란 뜻 말고 뭐가 있을까.

맥 유저들도 이런 동병상련과 자부심이 묘하게 뒤섞인 인사를 건넨다. 가끔 내 맥북을 들고 카페에 가면 기웃기웃 훔쳐보는 사람이 있다. 그들은 내가 이 아름다운 맥북에 윈도를 깔아서 쓰고 있는지, 아님 정말 맥 본연의 모습으로 즐기고 있는지 우선 관찰한다. (나도 그런다.) 그리고, 내가 맥을 사용하고 있는 걸 확인하면 올드 베스파 오너들의 손짓과 비슷한 웃음을 지으며 말을 거는 것이다. 자신은 언제부터 맥을 쓰기 시작했다고 소개하면서 이런저런 프로그램 뭐를 깔아보았냐며 수다를 떨기 시작하고, 가끔은 어린 아가씨들이 예쁜 디자인에 반해서 사긴 했는데 솔직히 어떻게 써야 하는지도 모르겠다며 하소연을 하기도 한다. 그렇게 짧은 혹은, 긴 대화를 미치면 항상 결론은 "맥이 최고죠!"다. 위로인지, 자부심인지, 뭔지 모를 이 말은 맥 유저의 마음을 모두 대변한다고 해도 모자라지 않다.

맥 유저들이 보여주는 미소와 베스파 라이더들의 손 인사는 취향과 고충의 공유로 뭉쳐진 연대감의 표현이다. 나는 단지 털 많은(그냥 털이 아니다, 길고 곧게 뻗어 이집션 코튼 저리 가라 하는 A급 털들만 취급한다!) 남자를 좋아한다는 이유로 어느새 베스트 프렌드가 된 친구도 있다. "남자는 털이 있어야지"라고 말했다가 "어우~"라는 야유를 천 번쯤 들은 후 만난 보석 같은 동료다. 하하하!
이 동네는 취향이 결핍되어 있다고 단언할 수 있다. 다양하지도 않고, 존중되지도 않는다. 옆 나라 일본에 비하면 베스파의 부품 하나 구하기도 하늘의 별 따기고 가격도 하늘을 찌른다. 취향이 곧 유행이 되는 동네이다. 내 취향을 고수하기가 싫어질 정도로 방송이라도 타고 연예인이 한마디 언급이라도 하면 반짝, 어느새 온 나라를 휩쓴다. 남들이 좋아하는 걸 나도 좋아하려고 혈안이 되어 눈이 벌게져 있다. 남들의 즐겨찾기를 엿보고 싶고, 남의 앨범을 들춰보고 싶어 안달이다. '개나 소나'라는 말이 돌 만큼 유행이 되면 처음부터 그걸 좋아했던 사람들은 이미 떠나고 없다. 그러니 취향의 역사도 없다. 이래서 삶이 퍽퍽해지는 건지도 모른다. 이래서야 되겠나. 내 인생 내가 사는데 말이다. 좋아하는 건 계속 좋아하자, 끈기 있게. 뭐든 십 년은 해야 했다고 말할 수 있는 게 아니냐던 지인의 말이 생각난다.

요즘은 베스파와 스쿠터도 유행이고 맥도 조금씩 많아진다. 반가우면서 아주 조금 싫은 그 마음은 아무한테도 알려주고 싶지 않아 숨겨놓은 내 아지트 같은 가게에 느끼는 마음이다. 내가 좋아하는 가게가 망하면 안 된다고 생각하면서도, 너무 잘돼서 혼자 조용히 지는 해를 바라보며 늘어지게 맥주 한 잔 마실 수 없게 되기는 바라지 않는 그 마음. 그런데 이상하게 내가 좋아하는 가게는 꼭 없어지더라. 이게 마이너 취향일까, 아니면 그냥 사람이 없는 데를 좋아하는 외톨이 취향일까. 조만간 카페를 할까 하는데 전자면 어쩌지.

취향의 허브, 코리안더

코리안더, 실란트로, 고수, 팍치. 온갖 이름으로 불리는 이 허브야말로 우리나라에서는 취향을 가장 타는 허브. 젖은 채로 3일 정도 내버려둔 걸레 냄새가 난다는 감상이 있는가 하면 코리안더 중독이라는 사람도 있다. 난 코리안더라면 쌀국수는 모르겠지만 멕시칸 음식에는 들어 있는 편이 좋겠다라고 생각하는 정도였다. 하지만 어느 날 서른이 넘어 은근슬쩍 시작된 노화의 증세로 손과 뇌의 협동에 가끔씩 혼란이 오는 바람에 원래 사려던 이태리 파슬리 대신 집어 들고 온 코리안더 한 다발을 버릴 수 없어 만들어 먹었던 이 인디안 커리 스타일의 닭요리를 계기로 나 역시 푹 빠져버렸다는 동화 같은 이야기다. 코리안더와 친하지 않다면 절대로 권하지는 않지만 말이지. (코리안더 한 다발이 고스란히 들어간다.) 코리안더의 양을 작게 시작해 점점 늘려가는 것도 방법이겠다. 그런데, 뭐 그렇게까지 할 필요 있나? 싫으면 안 먹으면 된다. 나 먹고 싶은 것만 먹어도 끼니가 모자란 인생인데. 남들 먹는 건 다 먹고, 이 세상 맛은 모두 보겠다라고 마음먹었다면 모르지만.

코리안더 치킨커리

- **생강 엄지손가락 반만 한 것 1쪽**
- **마늘 1쪽**
- **레몬 반 개 짜낸 즙**
- **닭가슴살 하나**
- **청양고추 1개**
- **토마토 1개**
- **코리안더 한 줌(40~50g 정도)**
- **토마토퓌레(홀토마토캔이나 토마토 갈아서/정 없으면 토마토케첩) 1테이블스푼**
- **플레인 요구르트 100ml**
- **닭가슴살 구울 올리브오일이나 땅콩오일**
- **소금, 후추**

01 우선 닭가슴살을 절여야 한다. 생강과 마늘, 레몬즙을 넣고 닭가슴살을 마리네이드(생강, 마늘, 레몬즙으로 절이는 것)한다. 짧게는 1시간에서 길게는 한나절 담가둔다. 지퍼락 봉지를 쓰면 편하다.

02 코리안더와 토마토, 청양고추를 대강 썰어주고 거기에 나머지 토마토퓌레, 소금, 후추까지 부어준다. 푸드프로세서나 블렌더에 갈아준다. 아주 곱게 될 때까지 저속과 고속을 넘나들며 갈아준다. 깜짝 놀랄 녹색의 걸쭉한 소스가 탄생한다.

03 기름 두른 팬을 뜨겁게 달궈준 다음 닭가슴살과 나머지 마리네이드(생강, 마늘, 레몬즙)도 함께 다 넣어준다. 약간 튀지만 너무 놀라지 말고 침착하자. 뒤적뒤적 계속 저어준다. 5분쯤 익히면 어느 정도 닭가슴살이 노릇해지기 시작한다.

04 2번의 녹색 코리안더 소스를 붓는다. 5~10분쯤 계속 저으면서 끓여주면 파릇파릇하던 녹색이 조금씩 어두워지기 시작한다.

05 플레인 요구르트를 붓고 잘 섞어준다. 불을 가능한 한 약하게 줄이고 10분쯤 졸인다. 가끔씩 저어준다. 소스가 아주 진하고 걸쭉해지면 불에서 내린다. 가벼운 샐러드에 난이나 피타브레드, 혹은 쌀밥(바스마티 라이스나 안남미로 한 밥이면 더 잘 어울리겠지?)을 곁들이면 코리안더라고 이름 지어진 '맛의 문'을 여는 열쇠가 된다. 별미다.

첫 경험 처음 해보는 음식을 위한 팁

내 인생의 모토 중 하나는 '먹고 보자'이다. '혼자 먹을 때 더 잘 먹어야 해'라든가, '오늘의 끼니는 다시 찾아오지 않아' 같은 것도 있지만, '먹고 보자'가 그중에서도 으뜸이랄까. 이 모든 것은 몇 년 전, 영국에서 맛본 아랍식 양 고환 요리에서 시작되었다. 살짝 망설이다가 친구들의 격려(?)에 입에 넣어본 그 요리는 세상에나, 얼마나 맛있던지 마치 깨달음을 얻은 양 결심하지 않을 수가 없었다. 사람들이 맛있다고 하는 것엔 다 이유가 있고, 먹을 만하니까 먹는 걸 테니 앞으로는 뭐든 입 안에 넣고 보겠다고. 맘에 안 들면 뱉고 맥주나 한 병 마셔주면 되는 걸, 죽지도 않는데 무슨 걱정이냐고.

그리하여 나는 개불이든 뭐든 난이도가 있거나 낯선 음식들을 모두 만나는 족족 입에 넣기 시작했다. 작년에는 푹 삭은 홍어와 질 좋은 과메기를 만날 기회를 잡았고, 올해는 생간과 천엽을 먹었다. 홍어는 입에 넣으면 코로 나오는 냄새가 코를 들들들 볶는 '재미있는 맛'이었고, 과메기는 다음 날 트림을 하면 그 냄새가 올라올 정도로 먹어버리고 말았다.(세상에, 왜 이렇게 맛있는 거야!) 그동안 이유 없이 외면했던 생간과 천엽도 마치 늘 먹었던 것처럼 한 접시를 그냥 비워버렸다. 생간은 생생한 동물 냄새가 매력적이었고, 천엽은 쫄깃하기 그지없더라고. 안 먹어봤으면 어쩔 뻔했을까.

역시, 사람들이 맛있다고 하는 데엔 다 이유가 있는 거였다는 이론이 한 번 더 증명되는 순간이었다. 하지만 여기서 잠깐 짚고 가고 싶은 몇 가지가 있는데 그건 무 껍질 부분의 깍두기와 갈비에 붙은 살이다.

03 the first experience

우선, 깍두기. 왜 사람들은 껍질 붙은 쪽이 더 맛있다고 하는 걸까. 무 껍질마저도 버려지는 것이 아깝던, 무를 너무 사랑한 무 농부 아저씨가 만들어 낸 게 아닐까라고 진지하게 생각해 본 적이 있을 정도다. 정사각형으로 아름다운 데다가 완벽하게 사각사각한 '순도 100%' 깍두기가 있는데 말이야.

갈비에 붙은 살도 마찬가지다. 물론, 나도 미야자키 하야오의 애니메이션에 나오는 주인공들처럼 뼈와 살이 함께 붙은 고깃덩어리를 한 손에 들고 냅다 뜯으며 먹성 좋은 해적처럼 먹고 싶은 마음이 드는 때도 있다. 하지만 그건 만화일 뿐, 그래 봤자 이에 고기 조각이 끼는 성가신 일만 벌어질 따름인걸. 이거 역시 맛과 연관 없는 이유로 거기에 붙은 고기 조각이 매우 아까운 누군가가 퍼트린 유언비어라고 난 결론내릴 수밖에 없었다. 그걸 뜯고 싶을 정도로 고기가 모자란다면 그냥 1인분을 더 시키겠어.
아 참, 김밥 꼬다리도 빠뜨릴 수 없다. 나는 완벽하게 김과 밥과 그 속이 균형을 이룬 김밥 한 알을 두고 김이 남거나 밥이 삐져나오거나, 어떤 건 단무지가 길게, 어떤 건 햄이 짧게 든 그 김밥 꼬다리에 왜 다들 열광하는지 당최 모르겠다고. (하지만 그다지 호응이 없을 것 같은) 이 음식 음모론은 이쯤에서 집어넣고 사람들이 맛있다고 하는 (갈비에 붙은 살과 껍질 깍두기, 김밥 꼬다리는 빼고) 모든 건 우선 먹고 봐야 한다는 이야기로 돌아가자. 나처럼 이 '먹고 보자'를 실천해야겠다고 마음먹은 당신에게 남겨줘야 할 한 가지 주의사항을 잊어버리기 전에 말이다.

뭐든 먹고 봐야겠다고 마음먹었다 해도, 절대로 '아무거나' 입에 넣지는 말아야 한다. 특히나 처음이라면 꼭 좋은 걸로 먹어봐야 한다. 그래야 알지, 그 참맛을. 아니면, 다시는 그 맛도 모른 채 그 음식에 등을 돌리게 될게 뻔하니. 또, 음식은 맛있는 걸로 많이 먹어본 사람이 맛있게 만들 수도 있다. 먹어본 만큼 요리할 수 있는 거라고. 그러니, 만약 당신 앞의 음식이 가장 좋은 게 아닐 경우라면 과감하게 다음 기회로 넘겨버리는 게 오히려 현명한 방법일 수밖에. 음식은 어디 가지 않으니까.

얼마 전, 남미 여행 중인 친구가 입에 빨간 고추를 물고, 토마토를 모자로 쓴 기니피그 통구이 사진을 보내주었다. 구워지길 기다리며 도마 위에 핑크색의 알몸으로 누워 있는 쥐(기니피그)의 사진도 곁들여서. 맛은 그저 그랬다지만 그걸 본 순간 나는 안달이 나 견딜 수가 없었다. 내가 입 벌리고 넋 놓고 있을 때 내 친구는 기니피그를 먹어버렸다니, 다시 말하지만 진짜 안달이 나 견딜 수가 없었다. 난 웃고 있는 악어 대가리도 먹을 수 있는데, 만나기만 해봐. 기니피그 한 접시와 마찬가지로 아프리카에 광고 촬영을 갔다가 온갖 이상한 동물고기 모둠구이를 앞에 두고도 단 한 입도 먹지 않았다는 내 남자친구 이야기도 빼놓을 수 없다. 난 이 이야기가 생각날 때마다 마치 내 앞에서 누가 그 모둠구이 접시를 말도 없이 치워간 양 화가 난다. 아마 죽을 때까지 그 접시가 다시 그를 찾아올 일은 없을 텐데, 왜 먹지 않은 거야!

오늘도 뭔가를 앞에 놓고 먹을까 말까 고민 중이라면 생각해 보길 바란다. 이 접시가 또 날 찾아올 날이 있을지. 외국 속담에도 있지 않던가.

기회가 찾아오면 의자를 권하라고. 음식이 찾아오면 입을 벌려드리는 게 도리다.

그렇다. 남자건 기회건 일이건 우선 먹고 보는 편이 낫다고 생각한다. 그것들이 나에게 찾아왔다면 다 이유가 있을 테니까. 홍어와 천엽이 날 찾아온 이유를 굳이 물으면 대답할 말은 없지만. 내 식도락의 기본 원칙은 그래서 '일단 먹자', 나의 연애룰도 '일단 먹자', 나의 인생관도 '일단 먹자'다. 하지만 아까 말했던 주의점을 잊으면 안 되겠다. 생간이 먹어 보고 싶으면 갓 잡았다는 신선한 생간을 찾아보는 수고쯤은 해줘야 한다는. 이걸 잊는다면 당신은 그저 쓰레기통 같은 먹보쯤으로 전락해 버리고 말 테니까.

½CUP

처음 해보는 음식을 위한 팁

나는 뭐든 간에 집에서 먹는 걸 좋아한다. 되도록이면 테이크아웃을 해 오거나, 웬만한 메뉴는 재료를 사다가 요리한다. 하지만, 무슨 음식을 요리하든 간에 처음 먹어보는 것이라면 우선 그 메뉴를 잘하는 레스토랑을 찾아 먹어보는 단계가 필요하다. 뭐든 먹어봐야 만들 수 있다. 당연한 것 아닌가, 무슨 맛인지 알아야 요리를 하면서 맛을 그리고, 머릿속에 그린 그 맛에 따라 이것저것 넣고 뺄 수 있는 법. 많이 먹어본 사람이 요리도 잘한다. 이렇게 해서 외식이 정당화되는 순간이다.

이제 집에서 만들어 볼 차례라 해도 한 가지 더 거쳐야 할 순서가 있다. 레시피 하나에만 의존해서는 안 된다. 결국 다 자기 입맛대로 만드는 게 음식. 같은 음식이라도 수백 수천 가지의 조리법이 있기 마련이다. 서양 음식이라면 외국 검색엔진을, 일본 음식이라면 일본 사이트를 번역기에 돌려서 찾아보는 수고가 더해진다면 아까 사먹은 그 음식보다 더 좋은 게 나올지도 모른다. 여러 가지 레시피를 비교해 보며 뭘 더 넣고 뭘 뺄지 생각해 보자. 머릿속으로 어떤 맛이 날지 그리면서. 아 참, 한 번에 성공하기를 바란다면 결과는 비참해질지도 모른다. 인내심을 갖고 나만의 조리법을 만드는 수고를 아끼지 말 것.

죄의식 없는 쇼핑

조립 레시피, 딸기 요거트와 솔티초콜릿 토스트

04 strawberry yogurt

엔칠라다 **Enchilada 다양한 재료로 속을 채우고 또띠야로 돌돌 만 다음 토마토나 칠리소스를 뿌린 중남미 요리**가 먹고 싶어졌다. 헬멧을 챙겨 스쿠터를 타고 나간다. 부릉부릉 몇 번에 엔칠라다를 손에 넣었다. 스쿠터가 민망할 정도로 가깝다, 사실은. 이 뜨거운 날, 맥주도 잊으면 안 된다. 수입식품가게에 들러서 라임 세 알을 사서 코로나 세 병과 함께 오토바이 뒷자리, 장바구니에 넣는다. 라임을 짜 넣은 코로나의 맛은 레몬을 넣은 맛과는 확연히 다르다. 오죽하면 일본에서 '레몬이 아니라 라임!'이라는 코로나 광고 캠페인이 있었겠는가. 목요일 오후 세 시의 엔칠라다와 라임 짜 넣은 코로나는 저 창문 밖 쨍쨍한 햇빛이 멕시코의 그것인가 싶게 만들어 준다. 멕시코에서 먹는 엔칠라다는 이거의 수천 수만 배쯤 맛있겠지? 1년째 세계를 헤매다가 드디어 남미에 도착한 내 친구가 보낸 엽서에는 "내가 먹었던 멕시칸 요리는 멕시칸이 아니었어"라는 이 푸디 **foodie**의 가슴을 후벼 파는 한 줄이 적혀 있었다. 하지만, 여기는 한국. 한국에서만은 먹어준다는 엔칠라다를 10분 만에 손에 넣을 수 있는 것만으로도 감사할 뿐.

금요일. 설렁설렁 플립플랍을 꿰어신고 동네 와인가게로 향한다. 내가 뭐라고 주절거리든 찰떡같이 알아듣는 주인 오라버니가 있는 와인바 겸 가게다. "음, 과일 말고 꽃 같은 거, 물같이 딱 떨어지는 걸로!" 이따위의 요구사항을 잘도 알아듣고 골라준다. 덕분에 내 와인에 대한 식견은 전혀 늘어날 기미가 보이지 않는다.

토요일 오후에는 낮 맥주 한 잔을 빼먹을 수 없다.
느지막이 일어나 집 안 청소를 해치우고, 친구를 꾀어낸다. 오후 2시쯤이면 딱이다. 청소 먼지 앉은 그 옷 그대로, 파뿌리처럼 뻗친 머리 꼴을 하고도 당당하게 갈 수 있는 집 앞의 단골 펍. 간신히 테라스 자리가 하나 남아 있다. 친구를 기다리면서 혼자서 먼저 한 잔. 다섯 손가락에 꼽아도 될 만한 신선한 생맥주다.

아무도 뭐라 안 한다. 이 차림에, 이 시간에, 혼자라도. 사실 사람 많은 유명한 집이지만 그럼 뭐 어떠랴, 토요일 오후에 하이힐과 백 색깔까지 맞춰 입고 온 아가씨들보다는 내 홈패션이 더 자연스럽다. 그러나 이 집은 아무도 없는 평일 오후가 최고다. 평일의 낮 맥주는 런던도, 로마도 안 부럽거든. 그 낮 맥주가 저녁 맥주가 되고 저녁 맥주가 밤 와인이 된 것이 몇 번인지는 모르겠지만.

여기가 내가 사는 동네다. 이 정도면 괜찮지 않은가.

인터넷의 부동산 사이트에서는 좋은 위치랍시고 '지하철에서 5분 거리'와 '세탁소, 약국, 마트, 편의점 가까움'을 자랑스럽게 써놓는데, 이건 너무 시시하다. 살겠다 발버둥치는 생존형 인간을 위한 위치 조건이다. 사람마다 다르겠지만 내가 꿈꾸는 완벽한 동네의 조건은 따로 있다. 일명 푸드러버를 위한 천상의 동네.

적당히 시끌시끌하면서 신선한 생맥주가 늘 있는 펍 하나, 뭐든 포장되는 손맛 좋고 메뉴 좋은 음식점 두세 개, 내 취향을 꿰뚫고 있는 동네 오빠 같은 주인이 있는 와인가게 하나, 오늘은 두릅, 내일은 산낙지라고 제철 안주를 내밀면 주는 대로 먹어야 되는 사랑방 같은 술집 하나. 거기다가 야채와 과일의 신이 아닐까 의심되는 미스터리한 청년의 야채가게와 여기까지 헤엄쳐 온 듯 눈알이 번쩍번쩍 빛나는 해물이 가득한 생선가게가 있는 동네. 이 정도라면 나는 평생 동네 밖으로 절대 외출하지 않고도 행복하게 살아갈 수 있겠다.

마음에 드는 음식점과 질 좋고 양심 있는 식료품가게를 갖고 있는 건 훌륭한 요리솜씨를 가진 것만큼이나 중요하다, 아니 어쩌면 더 중요할지도 모르겠다. 좋은 것들의 단순한 조합은 훌륭할 수밖에 없으니까.
그래서 말인데, 만약 몇 시간째 텅 빈 워드페이지만 떠 있는 모니터 앞의 카피라이터처럼 싱크대 앞이 곤욕스럽다면 이렇게 좋은 재료들의 '조립'만으로 탄생되는 레시피 쪽을 택하길 바란다. 특히나 뭔가 골라내는 데 자신 있는 최고의 쇼퍼 shopper 라면 당신은 분명 이 종류의 '요리'를 즐기게 될 것이다. 이 '요리'는 요리라기보다는 쇼핑에 가까우니까.

예를 들어 내가 '명료한 샌드위치'라고 부르는 샌드위치를 만들어 보자. 당신에게 필요한 것은 적당할 만큼 구멍이 송송 뚫린 가볍고 보송하면서 쫄깃한 최고의 치아바타, 풍미와 텍스처 모두 훌륭한 수제햄, 이 두 개를 묶어줄 찐득하고 부드러운 크림치즈를 어디서 살 수 있는지 아는 것뿐이다. 쇼핑으로 완성되는 샌드위치. 여기에 아삭한 맛이 아쉽다면 로메인 레터스 한 장을, 약간 튀는 쌉쌀한 맛을 원한다면 루꼴라 몇 잎을 더해도 좋다. 반을 가른 치아바타 두 쪽 면에 크림치즈를 양껏 바르고 햄을 끼운다. 그걸로 끝.
좋은 눈으로 잘 골라온 세 가지를 차곡차곡 '조립'하는 것만으로도 어디서도 볼 수 없는 심플하지만 완벽한 맛의 샌드위치가 탄생하는 것이다. 하나의 맛이 혀에 그대로 새겨지는, 정말 명료하기 그지없는 맛이다.

우리는 장보기를 사랑할 수밖에 없다.

늘 쇼핑이라는 원죄에 시달리는 우리에게 장보기란 '먹지 않으면 죽으니까'라는 백업이 든든하게 버티고 있는 죄의식 없는 쇼핑 guilty free shopping 이지 않은가. "먹고는 살아야지! 그런데 한 번 사는데 좀 좋은 걸로 먹고 살아야 하지 않겠어? 내 몸이 가장 중요한 거라고"라는 한 줄로 우리는 간단하게 죄의식에서 벗어날 수 있는 것이다. 뭐 좀 억지가 있다고 해도 상관없다. 옷과 구두를 사는 것보다는 마음이 가벼운 건 사실이니까. 그렇게 해서 옷장 대신 차곡차곡 채워진 마법의 냉장고를 갖게 되는 거고, 거기서 나온 것들로 명료한 샌드위치가 만들어지는 거다. 그렇게 쇼핑을 계속 하다 보면 좋은 치아바타를, 좋은 수제햄을, 좋은 머스터드를 알 수 있게 되니까. 구석에 숨은, 아무한테도 가르쳐 주고 싶지 않은 좋은 빈티지 드레스숍을 찾아내는 행보와 똑같다.

그래서 다시 말하지만 동네에는 양심 있고, 철학 있는 좋은 생선가게와 야채가게가 필요한 것이다. 야채와 과일을 고르는 요령은 널려 있지만 그건 엄마들이나 쓸 수 있는 초고수의 기술이지 않던가. 수박을 아무리 통통통 두드려 봐도 나에게는 다 같은 파파파(가끔씩 솔솔솔), 생선 눈을 아무리 뚫어지게 쳐다봐도 나에게는 모두 똑같이 허공을 응시하는 멍한 눈인걸. 무거운 양배추가 좋은 양배추라는데 무게대로 가격을 매기니 무거울수록 비싼 거잖아, 그럼 비쌀수록 맛있다는 진리를 저따위로 꼬아 말하는 건가 싶기도 하다.

아무리 터득하려고 해도 터득되지 않는 이 기술, 그래서 나의 소원 중

하나는 백화점에서 장 보는 재력을 갖추는 것이 되었다. 너무 비싸서 욕이 절로 나오기는 하지만 가지런히 정리된 예쁜 대파들을, 손가락을 대면 튕겨 나올 것 같은 고등어들을 보는 건 정말 행복하고, 또 철없는 소리지만 비싼 만큼 굳이 두드려 보지 않아도 대부분 맛있기 때문이지. 게다가 그 정육점 쇼케이스 속 한우가 빛내는 마블링들의 향연이란……. 집안 기둥뿌리가 뽑히는 한이 있어도 백화점 한우코너에서 쿨하게 "저거 대강 한 덩어리 주세요"라고 말하고 싶구나. 그러나 아직 아무도 그 소원을 들어주지 않으니, 나는 오늘도 백화점 마감세일 6시가 되기만을 기다리고 있다. 쇼핑의 백미는 세일이니까.

조립 레시피

딸기 요거트를 위한 쇼핑 리스트

01 딸기를 슬라이스한다.
02 요구르트를 그릇에 담는다.
03 딸기를 요구르트에 빠뜨린다.
04 메이플시럽을 한 번 휙 둘러준다.
05 아침으로 이보다 신나는 것도 없다.

•
•
•

솔티초콜릿 토스트를 위한 쇼핑 리스트

01 바게트를 얇게 잘라달라고 살 때부터 부탁한다.
02 바게트를 살짝 굽는다. 껍질이 너무 질기단 생각이 들면 속만 네모로 잘라도 좋다.
03 초콜릿 페이스트를 바른다.
04 플뢰드솔 혹은 핑크솔트를 조금 위에 뿌려준다.
05 짭조름한 소금이 초콜릿의 맛을 더 돋보이게 해준다.

딸기 요거트

+ 신선한 유기농 플레인 요구르트
+ 캐나다산 메이플시럽
+ 어느 한 군데 멍들지 않은 싱싱한 딸기
+ (그 외 블루베리나 라즈베리 등)

솔티초콜릿 토스트

+ 플뢰드솔 혹은 핑크 레이크 솔트
+ 초콜릿 페이스트
+ 얇게 자른 바게트 몇 조각

05 banarama

아직 이른 아침, 잠깐 어쩌다 눈을 떴더니 막내 고양이가 내 발치에서 귀를 뒤로 한껏 젖히고는 나에게 강렬한 눈빛을 날리고 있다. '우, 불만이 가득 찬 귀를 아침부터…….' 투덜투덜거리면서 일어나 슥슥 쓰다듬어 주면 그딴 건 필요 없다며 밥을 내놓으란다. 저기 그릇에 남아 있는 밥은 하루 묵어 맛이 없으니 바로 냉장고에서 꺼낸 차갑고 시원한 사료를(얘는 몸에 열이 많아 시원한 걸 좋아하기 때문에 여름엔 사료를 냉동실에 넣어놓는다) 당장 꺼내라고 하시는 것. 네네, 알아 모시겠습니다요. 어느새 세 마리가 전부 몰려와 '헙헙헙!' 분주한 소리를 내며 먹어대는 걸 보고는 다시 침대로 기어올라간다. 고양이들은 힘 하나 안 들이고 귀를 1~2mm 정도 까딱 하는 걸로도 별 말을 다 하고 별걸 다 시킨다. 무겁게 귀까지도 필요 없다. 수염이 하나 팽팽해지는 것만으로도 천 마디 말을 하지. 그러면 난 "응? 그랬어? 저랬어?" 이러면서 원하시는 대로 움직여드린다. 신기하게도 다 알아듣는다. 뭘 원하는지, 해드린 건 마음에 드시는지 늘 살피고 있다. 나는 내 고양이들을 진짜 진짜 진짜 사랑해서 받들어 모시지 않고는 배길 수가 없거든. 하지만 이런 사랑을 드려도 되는 건 고양이님들뿐이다.

서너 시쯤 입이 심심해져서 경리단 길로 타코나 피자를 사러 가면 유난히 아이들을 픽업해서 학원으로 내보내기 전에 간식을 사 먹이려고 오는 엄마들이 많다. 아이들은 주로 교복을 입은 고등학생들. 무자식이 상팔자라는 천만 년의 명언이 다시 한 번 머릿속을 휘감게 만드는 장면이 아닐 수 없다. 자식들의 얼굴과 말투 하나하나 살펴가며 애 기분 상할까, 애 건강 상할까 전전긍긍, 애지중지하는 엄마들의 표정은 묘하게도 동시에 자식들에게 사랑받고 싶어서 어쩔 줄 몰라 하는 절박한 얼굴이다. 하나같이 자식들보다 더 어린아이 같은 철부지 떼쟁이의 얼굴을 하고 있는 것이다.

'내가 여기 서 있는 건 원 헌드레드 퍼센트 너 때문이니 이 엄마 궁뎅이 좀 토닥토닥 해줘.'

'이렇게 네 가방까지 들고 맛있는 걸 먹이려고 여기까지 온 게 기특하지 않니? 너도 그 대가로 엄마에게 사랑을 표현해 봐, 나중에 돈 많이 벌어서 샤넬 슈트 사주겠다고 말해.'

이런 표정을 볼 때마다 나는 먹던 살라미 조각이 목에 걸리고, 화히타가 입 안에서 서걱거린다. 오해하지 마라. 엄마들이 자신의 인생을 찾든, 그 인생을 자식에게 걸든, 단지 엄마의 책임을 다하는 거든 내 알 바 아니다. 나는 단지 그 표정이 너무 싫은 것이다. 자기의 목을 잘라 접시 위에 놓고 무릎을 꿇은 채 그 접시를 상대에게 바치고 있는 듯한. 난 목까지 잘랐는데 넌 뭘 내놓겠냐는 얼굴. 엄마와 자식뿐만 아니다. 누구나 한 번쯤 이런 연애를 했을 테고, 어떤 사람은 항상 이런 연애의 패턴을 반복한다. 그런 연애가, 사랑이, 관계가 과연 어디로 갈 건지는 뻔하고 뻔하다.

내가 이걸 하면 현명해 보이겠지? 내가 이 옷을 입으면 섹시하다고 해주겠지? 내가 이 말을 하면 내 똑똑함에 뒤로 자빠지겠지? 라며 남들에게 인정받기 위해 움직이는 그런 관계만큼 최악인 건 없다.

이쯤에서 우리 모두 21세기 한국 최고의 명언, '무심한 듯 시크하게'를 마음에 새겨 봐야 하지 않을까 싶다. 조금 무디게, 조금 너그럽게, 조금 무심하게. 그렇게 한 발자국 떨어져서 부처님 스타일로 쿨하게 말이다.

(나는 이 '쿨하다'란 말이 빨간 물이 죽죽 빠지는 싸구려 티셔츠보다도 더 싸구려 같다고 생각하지만, 안 쓸 수 없을 때가 있다.) 가끔은 내가 하고 있는 '짓거리'를 유체이탈한 영혼이 되어 천장에서 물끄러미 쳐다봐 주는 '잠깐'이 필요하겠다. 그러면 깜짝 놀랄 만큼 잘 보인다. 네 손으로 직접 잘라 접시 위에 올려놓은 너의 머리가, 하이에나 같은 퀭한 눈빛이, 벌어진 입 안으로 보이는 바닥 없는 시커먼 구멍이, 파랗게 질린 네 피부 빛이.

무섭지? 무섭지? 그러니 이제 안달복달하게 만드는 정크푸드는 쓰레기통에 처박아 버리고 무심함 몇 컵에 부처님 같은 쿨함 몇 숟가락, 그리고 거기에 포인트로 약간의 심드렁 한 꼬집을 섞어 건강연애주스를 만들어 마셔보자. 당장 맛은 좀 없을지도 모르겠지만, 건강에는 좋을 거야. 이 건강주스, 몇 잔 마시고 나면 마음도, 몸도, 관계도 모두 편안해질 거다. 그런데 몸과 마음이 너무 편해지면 살이 찌겠구나. 그게 좀 걱정이네. 아, 역시 살의 문제에 대해서는 시크해질 수도, 무심해질 수도 없구랴. 부처님은 체중 걱정 해본 적 없으실 테니 모르실 거야, 이 마음.

드링크 업!

바나나라마

태국으로 여행을 갔을 때 묵었던 리조트의 풀사이드 바에서 만들어 주던 음료수. 태국맥주 '싱하'와 바나나라마를 번갈아 마시면서 꼼짝도 안 하고 누워 있었던 지난 휴가가 그립다. 햇볕 아래에 있는 것만으로도 기운이 빠지는 낮에 마셔주면 다시 물놀이 몇 시간쯤은 거뜬하다. 아침밥 대신으로도 딱이다. 꿀 대신 땅콩버터를 섞어도 깜짝 놀라는 맛이 되지만 칼로리가 대단해지겠지?

바나나라마

- **바나나 반 개**
- **우유 1/2에서 3/4컵 사이**
- **부순 얼음 조금**
- **꿀이나 메이플시럽 1~2스푼 크게**

01 바나나와 얼음, 꿀을 믹서에 갈아준다. (주서와 믹서는 다르다. 주서는 즙을 짜는 것, 믹서는 칼날로 갈아내는 것이다.) 얼음을 넣지 않고 바나나를 얼려두었다가 갈아주면 더 좋다.

02 보통 바나나 1개에 우유 3/4컵쯤이면 꿀꺽꿀꺽 마시기 좋은 바나나라마가 된다. 우유를 붓고 한 번 더 짧게 돌려준다. 우유를 먼저 넣고 전부 다 함께 갈면 거품이 생겨서 보기 안 좋더라.

03 이대로 컵에 옮겨 담아 벌컥벌컥 마셔준다. 땅콩이나 아몬드를 부숴서 위에 솔솔 뿌려줘도 그 고소함이 바나나와 잘 어울린다.

페이크 콩국물

콩국수에 들어가는 콩국물은 식사 대용으로 최고. 우리 엄마는 더운 여름 밥 대신 콩국물만 드시고 사신다.
하지만 콩을 일일이 삶아 갈아 먹기란 쉽지 않다. 게다가 콩은 잘못 삶으면 비린내가 나기 쉽다. 여기 콩국물 맛은 나지만 훨씬 간단한 가짜 콩국물 레시피가 있다. 소면을 말아 먹어도 괜찮지만 소금 좀 뿌려서 벌컥벌컥 마셔버리는 편이 좋겠다. 다이어트하면서 저녁 대신 먹어도 괜찮더라. 물론, 그러고 나면 맵고 짜고 단 야식이 당기지만 말이다. 어휴.

페이크 콩국물

+ **생식용 두부 반 모**
  (생식용 두부는 작게 나온다)
+ **땅콩이나 잣 혹은 호두 한 스푼**
  (견과류라면 뭐든 오케이)
+ **우유 반 컵**
+ **소금 약간**

01 전부 다 믹서에 넣고 갈아준다. 우유로 적당히 농도를 조절한다. 입자가 거친 찌개나 부침용 두부 말고 보들보들한 생식용 두부를 쓸 것. 더 실키한 국물을 만들 수 있다.

02 간을 하지 않으면 맛이 어리둥절해진다. 소금간 잊지 말자.

•
•
•

아몬드 밀크

우유 대신 마시는 아몬드 밀크다. 락토즈나 콜레스테롤이 전혀 없

아몬드 밀크

+ **아몬드 1컵(껍질 깐 아몬드가 좋다)**
+ **생수 3컵**
+ **소금 한 꼬집(안 넣어도 그만)**
+ **꿀이나 메이플시럽 1~2스푼**
  (입맛대로, 역시 안 넣어도 그만)

고, 말 많은 두유보다도 좋다. 견과류가 모두 칼로리가 높을 거라는 건 틀린 생각. 아몬드는 칼로리가 낮고 콜레스테롤은 전혀 없으며 불포화지방산이 많이 들었다. 다이어트 때문에 두유를 마시다가 오히려 살이 더 쪄버린 사람도 많던데, 아몬드 밀크는 좋은 두유 대용이다. 하지만 그 맛은 대용이라고 하기 미안할 정도로 훌륭하다. 우유 한 컵치고는 꽤나 돈이 많이 드는 사치스러운 메뉴지만 그래도 한번 마셔보면 끊을 수 없어진다. 대놓고 하얀 우유보다 한 톤 낮은 고급스러운 화이트 컬러에 입 안을 사르륵 감싸는 질감은 어느 것에도 비할 수 없다.

01 한 번 씻은 아몬드 한 컵을 물 4컵에 불린다. 냉장고에서 하룻밤이면 된다.

02 아몬드 껍질을 꼭 까줄 필요는 없지만 하얗고 아름다운 액체를 만나고 싶다면 귀찮아도 까주는 게 좋다. 그러니, 그냥 처음부터 껍질 벗긴 아몬드를 사는 게 요령이다. 하룻밤 불린 아몬드 1컵과 마시는 물 3컵을 믹서에 넣고 아주 곱게 갈릴 때까지 몇 번이고 갈아준다.

03 볼 위에 고운 천을 걸치고 아몬드 간 것을 걸러준다. 아까우니 마지막 한 방울까지 꼭 짜주자. 마셔보면 아무 맛도 없는 것 같다가 살짝 가라앉은 고상한 고소함이 입 안에 확 퍼진다. 우유는 오히려 밍밍할 지경. 메이플시럽이나 꿀을 섞어서 약간의 단맛을 더해줘도 좋다. 초콜릿시럽을 타면 영락없는 초콜릿 밀크가 된다. 딸기시럽을 뿌리면 딸기 우유가 되려나. 바닐라빈이 있다면 조금 넣어서 한 번 더 섞어보자. 그 무엇에도 비할 데 없는 맛이다.

04 남은 아몬드 가루는 말린 다음 나중에 마카롱처럼 달걀흰자로 머랭을 만든 다음 거기에 섞어서 머랭아몬드 쿠키를 굽거나 보통 쿠키 반죽에 섞어줘도 된다. 아까우니까 어떻게든 버리지 말고 넣어보자.

엄마놀이 아직도 엄마를 찾는 그들에게, 엄마의 미트볼

06

몇 년 전 방송되었던 뉴욕에 사는 이탈리안 셰프 로코의 레스토랑 개업기를 다룬 리얼리티쇼 〈더 레스토랑〉을 본 적이 있는가? 이 쇼를 본 적이 없더라도 소박한 트라토리아 **Trattoria 이탈리아 식당의 한 종류로 소박한 음식과 저렴한 가격의 캐주얼한 식당** 쯤에 가보면 메뉴에는 대부분 엄마의 미트볼 **mama's meatball** 이 있기 마련이다. 재미있게도 미트볼은 꼭 '엄마의'라는 수식어를 달고 있다. 우리 집 앞 이태원의 유명한 이탈리안 식당에도 엄마의 미트볼이 있더라. 이태리 엄마 손맛을 우리가 알 리 없건만, 역시 '엄마의'는 모든 지구촌 음식에 통하는 최고의 수식어임에 틀림없다.

이 리얼리티쇼 〈더 레스토랑〉은 '로코'라는 잘생겼지만 약간 덜 떨어지고 마초스러운(쇼도 매우 악평을 받았었다) 이탈리안 요리사의 레스토랑 개업기인데 이 식당의 시그너처 메뉴가 바로 그 '엄마의 미트볼'이었다. 그런데 놀라운 건 이름만 그런 게 아니라, 일흔이 다 되신 로코의 친어머니가 직접 주방 구석에서 엄마의 손으로 미트볼을 빚고 계셨다는 것. 그 미트볼이 얼마나 맛있었는지는 모르겠지만, 나는 이 리얼리티쇼를 보는 내내 이 쇼의 마지막 회가 '삶은 미트볼이다'라는 묘비명으로 장식된 할머니의 장례식이 되지는 않을까 내내 불안했다.

'아들이 성공 한번 해보겠다니 내 미트볼이 도움이 된다면 내가 몸이 부서져도 미트볼을 굴리겠다!' 하는 어머니의 마음도 마음이겠지만, 그렇게 푹푹 찌는 주방에서 일하시도록 내버려두다니. 그래 가지고서야 어릴 때 엄마가 칙칙폭폭 기차 흉내내며 입에 밥을 떠넣어 주던 거랑 뭐가 다르랴 싶기도 하다. 그때는 잘 받아먹는 게 효도였기라도 했으니 다행

이지. 갑자기 텔레비전에 나오는 "시골의 어머니가 직접 담가서 보내주신 ***만 씁니다"라고 자랑스럽게 홍보하는 음식점 주인들이 생각난다. 시골 어머니는 아들에게 값은 제대로 받고 계시려나.

엄마 맛을 찾는 건 어쩔 수 없는 일이다. 태어났을 때 처음 먹었던 게 엄마(젖)이기까지 하지 않았던가. 하지만 남자들에게 부탁컨대 제발 "우리 엄마(어머니도 아닌 엄마!) 는 된장찌개를 이렇게 끓이지 않았다고"라며 투덜거리지는 말아줬으면 한다. 이제 네 어머니는 너희 아버지와 단둘이 오순도순 너희 방해 없이 행복하게 살고 계시고, 네 앞에 놓인 내가 끓인 그 찌개는 우리 엄마의 맛에 가까운 된장찌개인 게 당연한 데다가, 운이 나빠 너랑 나랑 결혼이라도 하는 날에는 네가 엄마 된장찌개를 먹으며 살아온 날들보다 더 많은 날들을 내 된장찌개와 살아야 할지도 모른단 말이다.

내가 오래전 알던 한 아이는 엄마 된장찌개 노래를 부르는 대신 엄마 프라이팬 이야기를 입에 달고 살았었다.
"엄마가 프라이팬은 닦지 말랬어." 이게 그의 엄마 프라이팬 이야기다. "프라이팬의 코팅이 벗겨지니 절대 세제와 수세미로 박박 닦지 말고, 요리를 한 후의 기름기나 양념을 키친타월로 걷어내거나 뜨거운 물과 부드러운 솔로 살살 닦아서 잘 말려 넣어놓아야 한다"가 "엄마는 프라이팬을 닦지 말라고 하셨어~"가 되어 버린 것. 내가 부엌에 서서 뭔가 만들려고 할 때마다, "프라이팬은 닦지 마, 엄마가 그랬어"가 내 뒤통수에 꽂히곤 했었다. 결국 나는 참다 참다 "한 번만 더 그 엄마 프라이팬 이야기를 하면 프라이팬을 네 얼굴로 닦아 주겠다"고 마무리했더랬지.

대체 남자는 몇 살까지 엄마의 손에 있어야 하는 걸까. 프라이팬 하나 닦는 것까지도 엄마의 손아귀에서 벗어나지 못하고 있다니. 여자들이야 어느 정도 나이가 들거나, 결혼을 하면 같은 여자, 같은 아내, 같은 엄마로서 엄마를 진심으로 이해하게 되고 어느새 친구가 된다고들 하지만, 남자에게는 그런 기회가 없으니 아무래도 저 질문의 답은 평생이 걸리지 않을까 싶다. 그렇다고 남자가 아버지를 이해할까? 그건 내가 남자가 아니라서 모르겠으니 패스.

그래서 말인데, 요즘 (일정 나이에 다다른) 남자들이 섹스보다 더 좋아하는 게 뭔지 아는가?
그건, 소꿉놀이도 아닌 엄마놀이이다.
우리가 어릴 적 소꿉놀이를 할 때 동네 남자애들은 "여보, 나 왔어. 밥은?" 이라며 의젓하게 등장하는 걸 즐겼지만, 다 큰 그들은 손에 면봉을 두 개 들고 동동동 걸어와 어린이 목소리로 "귀 파 줘"라고 한다. 등을 긁어달라고 티셔츠를 걷어 올리고, "여기, 여기" 얼굴에 잘못 난 털을 "뽑아 주떼요!" 족집게를 들이민다. 배고프다고 삐죽거리면서 또 밥 먹으라면 도리도리, 싫단다. 내 친구의 애인도, 선배언니의 남편도 세상의 모든 남자들은 약속이나 한 듯 엄마놀이에 푹 빠져 있다. 여기에는 회사의 남자동료와 남자상사도 예외 없다라며.

그래, 다 안다. 두 살짜리가 울음 하나로 엄마를 쩔쩔매게 만들며 온 집

안을 정복했듯이 이렇게라도 왕좌에 앉아 있는 기분을 느끼고 싶은 그 간절하디간절한 마음을 우리가 모를 리가 있겠는가.
남자들이여, 순순히 베고 누우라며 다리를 내어주고, 면봉과 족집게를 손에 들고 있다고 여전히 왕이라고, 너희가 우리를 조종하고 있다고 착각하지 말지어다. 우리는 다 알고 있으니까.
좋은 시절은 다 갔다, 아니, 간 지 오래인데 너희들만 모르고 있었을 뿐이다.

Ziploc

아직도 엄마를 찾는 그들에게, 엄마의 미트볼

미트볼 빚기

이탈리아 엄마를 생각하면, 왠지 우리나라의 억척스러운 엄마들과 많은 부분이 겹쳐진다. 목소리가 크고, 집안을 휘어잡으며, 넓은 등에 굵은 팔, 새까만 머리쯤? 이탈리아 엄마를 만나본 적이 없으니 내 말을 많이 믿으면 안 되겠지만, 지금까지 수집한 자료들에 의하면 그런 것 같다는 말이다. 이탈리아 남자들의 엄마 집착증은 여러 에세이나 영화, 여행기나 소설에서도 볼 수 있는데 그것마저도 얼마나 비슷하던지. 하핫.

아무튼 간에, 엄마의 미트볼이 아니어도 미트볼은 맛있다. 잔뜩 만들어 얼려두었다가 두세 알씩 녹여 먹기도 안성맞춤인 데다가, 〈프렌즈〉의 조이가 그토록 외치던 미트볼샌드위치도, 집에서 만든 간단 수제햄버거도 가능하다. 이런 기특한 저장음식이 또 있단 말인가. 잔뜩 만들어 냉동해 놓으면 한겨울 개미처럼 든든해지겠다.

워낙 미트볼을 좋아하는 나여서, 아래의 미트볼 레시피는 정말 자신 있게 내놓는다. 내 레시피 중 몇 개를 꼽으라면 가장 먼저 들이밀겠다. 간단한 그린샐러드와 함께 곁들이면 이렇게 푸짐하고 기분 좋아지는 한 끼도 없다. 물론, 시간은 좀 걸린다. 미트볼도 만들어야 하고 소스도 끓여야 한다. 보통 15분에서 20분이면 끝나는 간단 파스타와는 다르다. 하지만 세상에는 시간을 들여도 아깝지 않은 일이 있는 법이다. 특히 맛있는 음식이라면! 투박한 냄비째 이 미트볼 페투치니를 식탁에 올려놓는 순간에는 영화 속 끝장나게 살림 잘하는 '하우스와이프'가 된 기분마저 든다.

엄마의 미트볼

- **돼지고기, 소고기 간 것 100g씩**
- **계란 푼 것 반 개**
- **파마산 치즈 1테이블스푼**
- **오레가노나 타임 1테이블스푼**
- **소금, 후추**
- **빵가루 3테이블스푼**
- **우유 조금**

The Finest Sauce Made
FAMILY TRADITION

아 참, 이건 어린아이가 자장면을 먹듯 포크로 급하게 대충 말아서 입으로 들어가는지 코로 들어가는지 모르게 먹어주어야 맛있다. 포크에서 스르륵 떨어진 페투치니 가닥은 주저하지 말고 손으로 주워서 입으로 '호로록' 하시라. 미트볼 하나는 통째로 입 안에 넣고, 또 하나는 포크로 뭉개서 소스와 잘 비벼서 먹어줘야 제대로다.

01 돼지고기와 소고기는 1:1로 섞는다. 물론, 간 것으로. 고기를 각각 100g씩 하면 미트볼의 크기에 따라 다르지만 15~20개쯤 나온다. 한 2~3인분쯤이라고 생각하면 되겠다.

02 여기에 계란 반 개, 파마산 치즈 1테이블스푼 그득(피자 먹고 남은 가루도 좋지만 덩어리 파르미자노를 금방 갈면 더 맛있겠지?) 다진 마늘 조금, 말린 오레가노나 타임, 아니면 다진 로즈메리도 한 꼬집쯤, 후추와 소금으로 간 하는 것도 잊으면 안 된다. 아, 빵가루가 빠졌다. 1테이블스푼 그득 넣어준다. 그리고 질척하지 않고 찰기가 생길 정도로 봐서 우유로 수분을 첨가해 준다. 만약 귀찮지 않다면, 빵가루에 우유를 살짝 뿌려서 촉촉하게 만들어도 좋다. 흥건하게는 말고 약간 뻑뻑하게 뭉칠 만큼만 아주 조금.

03 이렇게 하면 미트볼 반죽이 다 준비된다. 길게 썼지만 위의 재료 전부 다 볼에 넣고 잘 치댄 후 원하는 크기로 동그랗게 빚으면 끝이다.

나는 작은 미트볼이 좋다. 한입에 넣기도 좋고, 많아 보인다.

04 소스를 끓일 동안 먼저 빚어놓은 미트볼을 냉장고에 넣어두면 수분이 살짝 날아가면서 미트볼의 모양이 푹푹 끓여도 잘 유지된다. 이렇게 약간 굳히지 않고 그냥 넣으면 나중에 소스 안에서 산산이 분해되어 미트볼+라구소스가 되어버린다. 이러나저러나 맛있긴 마찬가지니 너무 걱정하지 않아도 되긴 하다.

·
·
·

토마토소스 만들기

01 큼직한 양파 반개와 마늘 1개를 푸드프로세서에 완전히 죽처럼 갈아버린 다음 올리브오일을 넉넉히 두른 팬에 잘 볶는다. 맘 내키면 버터도 한 조각 넣어준다. 여기에 월계수잎 한 장과 타임이나 오레가노를 한 꼬집 넣고, 중간불에 타지 않도록 부지런히 뒤적뒤적거리며 볶아준다. 이 과정은 좀 지루하고 피곤하다. 양파죽에서 물기가 모두 걷히고, 매운 냄새가 사라지고, 구수하고 살짝 달달한 냄새로 바뀌면서 색깔도 노릿노릿해질 때까지 볶아준다. (미트볼에 타임이나 오레가노를 넣었을 테니 여기에 들어가는 허브 종류도 그것에 맞춰 넣어주면 되겠다.) 조금 매콤한 토마토소스를 만들고 싶다면 말린 페페로치노(이태리 빨간 고추)를 1~2개 부수어 넣는다. 페페로치노 대신 말린 빨간 고추를 넣어도 상관없다. 가위로 얇게 잘라 넣는다. 이렇게 하면 끝맛이 매콤한 게 깔끔하다. 어떤 영화에서 지나가다 보았는데, 사프란을 살짝 넣으면 그 풍미가 더 좋다더라. 우리집은 가난해서 사프란은 없어요.

02 홀토마토캔을 따서 토마토도 아까 그 푸드프로세서에 휙 갈아준 다음 그 국물까지 양파가 있는 냄비에 넣는다. 이제 폭폭 끓이기만 하면 된다. 캔에 든 토마토는 좀 시기 마련이라 설탕을 작은 스푼으로 하나 넣어주자. 소금이랑 후추로 간 하는 것도 잊지 말 것. (홀토마토캔은 꽁치통조림만 한 캔-대략 14oz.짜리일 경우 1캔이다. 큰 캔을 샀다면 양파와 마늘 등을 2배로 넣고 잔뜩 끓여 쟁여두자.) 혹시

토마토소스

+ **양파 1/2개**
+ **마늘 1개**
+ **올리브오일**
+ **월계수잎**
+ **타임이나 오레가노**
+ **페페로치노(말린 빨간 고추) 조금**
+ **홀토마토 캔 1개(14oz.)**
+ **육수 혹은 그냥 물**
+ **우유나 생크림 조금**
+ **이태리 파슬리나 바질 완성 후 위에 뿌릴 정도**

페투치니나 탈리아텔레 등 넓적한 종류의 파스타

갖고 있는 고기나 닭육수가 있다면 육수를, 육수 대신 고형치킨스톡이 있다면 물에 풀어 넣어주거나, 그냥 맹물도 상관없다. 종이컵 반 컵쯤 부어준다.

03 이렇게 중간불쯤에서 저어가며 보글보글 10분쯤 끓이다 보면 어느 정도 소스가 되직해진다. 화산에서 용암이 끓듯 퍽퍽 튀면서 끓으니 조심하자. 뚜껑을 반쯤 덮는 것도 요령이다. 이쯤에서 생바질이 있다면 금상첨화, 잘게 썰어 넣는다. 한결 상큼해진다. 토마토소스도 잔뜩 만들어 쟁여놓기 좋다. 만사가 귀찮고 괴로울 때 라면 끓이듯 파스타만 삶아 이 소스에 비비면 끝. 게다가 냉장고에 있는 어떤 재료를 썰어넣어도 훌륭해진다. 1인분씩 비닐에 담아 냉동시켜 놓으면 나중에 당신의 구세주가 될지도 모르겠다.

04 이제 우유나 생크림을 살짝 붓는다, 서너 숟갈쯤. 대강 맘에 드는 색이 나올 만큼 넣으면 되겠다. 안 넣어도 괜찮지만, 이러면 소스가 더 부드럽고 감칠맛 난다. 색깔도 예쁘고.

05 완성된 소스에 아까 만들어둔 미트볼을 넣는다. 미트볼이 잘 익고 고기맛과 소스맛이 어우러지게 15~20분 더 끓인 다음 소금물에 잘 삶아둔 페투치니나 탈리아텔레(가는 면발보다 이렇게 넙적한 면이 잘 어울린다)를 비벼 파르미자노를 듬뿍 뿌려 먹으면 되겠다. 이태리 파슬리가 있다면 더 좋겠지만 없어도 그만. 소스가 흥건해서 바다를 이룰 정도가 아니라 면과 미트볼을 먹음직스럽고 촉촉하게 코팅할 정도면 된다. 이제 접시에 코를 박고 먹을 시간, '보나페티토!'

연애는 미원맛 길거리 떡볶이와 오뎅국

어떤 연애는 바쁜 점심시간의 칼국수 한 그릇, 어떤 연애는 길고 화려한 풀코스 디너, 어떤 연애는 찬바람 부는 가을의 뜨끈한 추어탕 한 사발이다. 배는 부를 리 없지만 입 안을 간질간질하게 하는 생블루베리 레어치즈케이크 한 조각짜리 연애도 있겠다. 사춘기 시절의 연애는 풀냄새 폴폴 나는 아오리 사과, 20대의 연애는 불도 붙일 만큼 독하지만 짧고 뒤끝 없는 '바카디 151'을 빼다 박았다지. 그런데 이 온갖 맛이 나는 연애들도 그 재미를 맛으로 묘사하라면 딱 한 가지 맛이더라. 길거리의 싸구려 떡볶이 맛. 그리고 그것이 내가 놓친 연애의 맛이었다.

사실 나는 길거리 떡볶이 맛을 안 지도 얼마 안 됐다. 어릴 적부터 그런 떡볶이를 좋아하지 않았었다. 얼기설기 맞춰진 그 조악한 맛에서 그다지 매력을 찾을 수가 없었던가. 듬뿍 들어간 미원의 입맛 당기는 맛은 알았지만, 그게 너무 얄팍하고 유치해서 이걸 먹고 나면 나까지도 그렇게 유치해질 것 같아서였던가. 이걸 먹고 배가 불러져서 더 좋고 맛있는 걸 못 먹을까 봐 그런 것도 있었을 테다. 당연히 튀김도, 순대도, 학교 앞 문방구의 불량식품도, 마트 가득한 과자들에도 별 관심이 없었다.

나는 집밥이 제일 좋았다. 그뿐 아니라 한여름에 생굴을 생각하며 겨울을 기다리고, 어른맛 두릅을 초고추장 살짝 찍어 입 안에서 풋내가 날 때까지 먹어대는 것도 모자라, 한약을 콜라인 양 쭉쭉 마셔버리는 황당한 식탐과 입맛을 가진 꼬마였다. 나름의 굳건한 음식에 대한 '견해'도 있어서 당근은 그 존재 이유가 밝은 색깔뿐이라며 싫어했지만(카레에 당근이 들어가야 하는 이유는 오직 색깔뿐이라고 이때부터 믿어왔다), 파는 설렁탕에 듬뿍듬뿍 넣어 먹고, 가지나물은 개구리 알을 먹는 것 같다며 경멸했지만 슬쩍 데친 시금치는 그 폭신한 느낌이 좋다고 말했다고 한다.

건방졌지, 건방졌어. 길거리 떡볶이의 홀딱 벗은 노골적이고 유치한 맛은 내 혀의 허영을 만족시켜 줄 수 없다고 생각했었나 보다. 이쯤에서 애는 애다워야 한다는 진리를 한 번 더 확인하게 된다. 내가 조금만 더 애답기만 했어도 그 수많은 '시간의 맛'을 놓치지 않았을 테니까.
방과 후 애들이 바글바글한 좁디좁은 문방구에 비집고 들어가 먹는 땀내 나는 불량식품의 조잡한 맛, 여고생들의 쉬는 시간, 매점 레이스 후의 빵맛 같은 그런 '시간의' 맛 말이다. 푸아그라나 캐비어 따위의 맛은 아직 몰라도 상관없다. 곧 알게 될 날이 올 테니까. 내가 그때 굴을 몰랐었어도 결국은 언젠가 혀가 굴을 찾는 날이 있었을 것을, 왜 나는 기어코 '학원이 끝나고 집에 오는 길에 백 원어치씩 몰래 사 먹는 길거리 떡볶이' 대신 생굴만을 고집했을까.

그런데 문제는 비단 음식뿐이 아니었다. 떡볶이에 등을 돌린 바로 그 태도로 길거리 떡볶이의 싸구려 맛을 똑 닮은 연애의 재미에도 등을 돌렸던 것이다. 나는 클리셰하기 그지없는 그 유치한 연애 '짓거리'들이 참기 힘들었었다. 피아노를 치며 노래를 불러주는 남자친구의 전화를 말도 없이 끊어버리고(그 애는 그 노래를 끝까지 불렀다고 한다, 뚜-뚜-뚜- 울리는 전화에 대고), 우리 집 앞 계단에 촛불 수십 개를 늘어놓은 다음 촛불 길을 따라 생일케이크 들고 등장한 고등학교 때 남자친구에게 동네 사람들이 본다며 화를 내고 냅다 들어가 버렸었다. 그리고 이제 전화는 달콤한 사랑의 세레나데 대신 무미건조한 생사 확인용으로 전락했고, 집 앞 계단의 깜짝 생일 파티 대신 내가 직접 예약한 레스토랑과 내가 직접 주문한 선물만 덩그렁 남아버렸으니, 내가 만약 어릴 적 떡볶이의 맛을 즐길 자세가 되었더라면 나의 수많은 연애들도 미원 떡볶이 맛 재미를 가질 수 있었을까. 진짜 재미는 샴페인의 간질간질한 버블맛도 성게알의 미묘한 바다맛도, 아니었다. 그냥 싸구려 미원맛이었다. 복잡하지도 세련되지도 않은, 제일 쉬운 맛. 그동안 떼어내 버렸던 삼겹살의 기름 부분이 사실은 삼겹살의 포인트였던 것을 삼겹살 인생 중견에 접어들어서야 알아차린 기분이다.

몇 년 전 처음 맛봤던 아랍식 전통 디저트는 정말 눈앞이 깜깜해지고 이가 찡해질 정도로 달았다. 하지만 그 단맛 속에서도 패스트리는 바삭하고, 피스타치오는 고소했으며 시럽은 기분 좋을 만큼 끈적하게 입 안에 감겼다. 그걸 알아차리고 나니 이 아라빅 딜라이트Arabic Delight를 도저히 끊을 수가 없어졌다. 눈을 질끈 감게 하는 상상 초월의 단맛은 할리우드 틴에이저 무비 속 못난이 여고생이 끼고 있는 교정기와 뿔테 안경, 곱슬머리에 불과하다. 그것만 벗겨내면 갑자기 학교에서 제일가는 미녀가 되지 않던가. 차마 내 입으로 내뱉을 수 없을 것 같은 다디단 말 한마디, 가장 간지러운 짓거리를 하나 고른 다음 눈 질끈 감고 건네보자. 당신의 연애, 새로운 국면을 맞이할지도 모른다. 발정난 중학생들의 연애처럼 딱 그렇게.
연애는 그렇게 해야 맛이다.

길거리 떡볶이와 오뎅국

조미료가 들어간, 싸구려 떡볶이

01 넙적한 프라이팬 등에 물을 담고 고춧가루, 미원, 설탕, 소금을 넣어준 다음 끓인다.

02 부르르 끓기 시작하면 떡볶이떡(길거리 트럭 떡볶이처럼 가느다란 밀가루 떡일수록 제맛이다)과 적당한 크기로 썰어놓은 오뎅을 넣는다. 혹시나 부지런한 마음이 생긴다면 파를 숭덩숭덩, 마늘 한 알을 다져 넣어도 좋다.

03 부지런히 저어주며 국물이 반으로 줄어들 때까지 중간불로 끓인다. 인내심을 가지고 붙어 서서 저어주자. 길거리떡볶이 아주머니들이 온종일 저어주면서 졸이고 물 붓고 졸이고 물 붓고 하는 것처럼.

04 길거리에서 먹는 싸구려 미원맛 떡볶이 완성이다. 이 맛에 중독되면 한 달 내내 밤마다 먹게 될지도 모른다. "아임 쏘리"

• • •

떡볶이

- + **물 2컵**
- + **고춧가루 1숟가락 수북이**
- + **올리고당 1숟가락 반(설탕이면 1숟가락)**
- + **소금 1/3숟가락**
- + **미원 숟가락 끝으로 아주 조금**
- + **가느다란 떡볶이 떡 한 줌**
- + **넙적한 오뎅 한 장(좋아하는 모양에 크기로 썰어서)**
- + **파와 마늘 약간(없어도 그만)**

오뎅국

+ 가쓰오부시 육수에 혼다시와 간장을 넣어 만든 홈메이드 쯔유
+ 각종 일본 오뎅 한 줌
+ 파 한 뿌리 얇게 썰어서
+ 삶은 달걀 1/2개
+ 유부 3~4장

가쓰오부시 육수부터 내는 오뎅국

01 이 책 어딘가에 있는 가쓰오부시 육수 레시피로 가쓰오부시 육수를 만든다. (p. 145)

02 거기에 혼다시와 간장을 넣어 쯔유를 만들어 준다. 가쓰오부시 육수 반 컵에 물 반 컵, 혼다시 1/3숟갈, 간장 3숟갈 정도를 기본으로 맛을 봐가며 짠맛을 조절한다. 간장은 한국간장보다 기코망 간장이 좋다. 일본음식은 일본장으로.

03 각종 오뎅(혹시 일본식품점이나 일본식품코너에 들렀다면 일본 오뎅!)과 적당히 자른 유부를 넣고 끓인다.

04 오뎅이 적당히 풀어질 정도로 끓으면 파를 썰어 넣고 삶아둔 달걀도 반 잘라 넣으면 끝. 어느 일본식 오뎅집에서 파는 오뎅국 못지않다. 이 모두 쯔유의 힘이다. 가쓰오부시 육수도 귀찮고 만사가 귀찮으면 그냥 일본재료코너에서 파는 쯔유를 사다 써도 상관없다.

깻잎 따기로 극복하는 사회생활 기피기

밍밍한 하루를 보람차게, 가쓰오부시 육수와 치킨스톡, 리코타치즈

스물여덟, 아홉은 연애 기피기다. 그 나이의 처녀총각들에게 연애는 왜 안 하냐고 물으면 하나같이 별로 하고 싶은 생각이 없다거나, 관심 없다며 심드렁하게 반응한다. 나의 과거를 돌아보며 잠시 생각해 보면 화장실에서 안 닦고 나온 듯 찜찜하고 지저분한 연애를 몇 번쯤 경험했을 때가 이 나이 즈음이었던가 보다. 의미 없고 소모적인 연애에 지쳐버릴 만도 한 나이. 스무 살 초반, 하트 모양의 눈을 반짝반짝 빛내는 연애광이었던 사람도 이쯤 되면 큐피드의 화살 따위 꺾어버리고, 식빵 같은 큐피드의 엉덩이를 벌겋게 부어오를 때까지 때려주고 싶어지는 잔인한 연애 기피자가 되버리는 것이다. 하지만, 이 연애 기피 시기는 금세 지나가고 언제 그랬냐 싶게 다시 "외로워, 연애하고 싶은데"를 입에 달고 다닐 테니, 사랑으로 가장한 인류의 종족 번식 작전에는 이상 없다, 걱정 말자.

이 연애 기피기가 지나고 나면 다음 차례로 사회생활 기피기가 찾아온다. 잔뜩 흔들고 뚜껑을 열면 터져 나오는 콜라 거품만큼 폭발하는 열정을 가지고 직장생활을 시작했던 모습은 온데간데없이 사라지고 연애 기피 시기와 똑 닮은 고민을 시작하는 것이다. 얼마 전까지 내 감정을 이런 싸구려 연애에 소비해도 될까라고 생각했던 바로 그 뇌세포 녀석으로 내 인생과 시간을 이런 의미 없는 일에 소비해도 되는 걸까를 고민하기 시작한다. 하루에도 몇 번씩 심근경색인가 싶게 가슴이 답답해지고, 뇌졸중인 양 뒷목을 잡아가며 쫓기는 염소처럼 사무실을 뛰어다니면서 말이다. 매달 월급통장에 찍히는 일곱 자리 숫자에서도 내 노동의 의미를 찾기는 부족하고, 어쩌다가 내가 짠 안이 선택돼서 그게 결국 텔레비전에 온에어 된다 한들 본래의 모습은 찾을 수 없는 너덜너덜해진 그 결과물을 금쪽같은 내

08

ricotta cheese

새끼라고 하기에는 민망할 따름이다. 일의 보람을, 대가를, 의미를 찾을 수 없다며 스트레스에 머리를 쥐어뜯다 보면 큰돈은 안 되더라도 내 일을 내가 하는 보람을 느끼고 싶다고 생각하기 시작하는 것이다. 그 와중에 기가 막힌 30대의 성공 스토리 같은 걸 듣기라도 하면 그런 건 따로 '성공 유전자'가 있는 사람들의 이야기라며 별 핑계를 다 갖다 붙인다(라지만 정말 손톱에 피가 나게 기어 올라가도록 만들어 주는 성공 유전자는 정말 따로 있다고 마음속으로 은근 믿고 있다).

요가강사를 하면서 작은 전시공간을 운영하고 있는 내 친구 하나는 매해 겨울 두 달 동안 강사도, 갤러리도 그만두고 계룡산의 명상센터로 들어간다.
"가서 뭐 했어?"
"뭐 하긴, 아침 먹고 깻잎 따고, 점심 먹고 깻잎 따고, 저녁 먹고 명상했지. 젖은 흙냄새 나는 비닐하우스에서 무념무상으로 깻잎 따는 기분, 최고야."

이 이야기를 듣자마자 나도 〈이웃집 토토로〉의 체취일 것 같은 그 젖은 흙과 풀냄새를 맡으면서 깻잎을 따고 싶다고 생각했다. 나뿐만이 아니라 사회생활 기피 시기에 있는 누구에게든 이 이야기를 하면 한결같이 나도 그러고 싶다는 대답이 돌아온다. 여기서 잠깐, 이런 날이 없었던가 생각해 보자. 며칠째 아무리 머리를 싸매도 별 희뜩한 안이 안 나오는 지리한 장마 같던 어느 날 Ctrl+c, Ctrl+v를 반복해야 하는 무한반복 단순노동이 맡겨지면 처음에는 툴툴거리다가도 어느새 이만 몇천 번째 셀까지 새까맣게 채워진 파일을 가벼운 손가락으로 클릭해 저장하고는 그 어느 때보다 보람찬 가슴으로 퇴근했던 날 말이다. 깻잎이 가득 찬 소쿠리와 새까맣게 채워진 엑셀은 결국 같다. 다들 눈으로 내 노동의 결과를 확인하고 싶은 마음이었던 거다.

아, 이게 비밀이었나 보다. 성공 유전자를 가졌다고 생각했던 그 사람들, 어쩌면 이 비법을 알고 있어서 그렇게 하늘 높이 지치지 않고 올라갈 기운이 났는지도 모르겠다. 그들은 하루치 일의 보람을 하루치씩 눈앞에 보는 방법을 터득한 게 아닐까? 오늘 한 일이 한 바퀴 돌아 한 달 후에 찍힌 숫자를, 오늘 낸 아이디어가 몇 달이 걸려 실체화되는 그날만을 기다리는 게 아니라, 오늘 해낸 일들 자체를(비록 완결된 일은 없더라도) 젠가 블록처럼 차곡차곡 쌓는 방법을 아는 것이 그 비법이 아닐까 싶어진다. 보상이 있는 만큼 사람은 힘이 나기 마련인데, 소쿠리 가득한 깻잎을 보는 것만으로도 충분한 게 아니었던가. 당신의 열정을 돌려줄지도 모르는 일.

그러나 여기에서 작은 의문이 생긴다. 밖에서 보는 농사일이 부러운 것은 그 깻잎농사가 잘됐건 망했건, 깻잎 가격이 높든 낮든 나와는 별 상관 없기 때문일지도 모른다. 그저 나는 소쿠리만 채우면 그것으로 기쁠 뿐. 그러고 보면 인간의 본성을 설명하는 데는 성선설도, 성악설도 필요 없었을지도 모르겠단 의심마저 든다. 그저 놀면 좋은 게 본성이 아니려나. 책임과 결과에서 자유롭기만 하면 뭘 해도 즐거우니 말이다. 그러니 즐거운 '일'이란 이 세상에 존재하지 않는 걸지도 모른다는 작은, 아주 작은 의문이 생기기 시작한다.

밍밍한 하루를 보람차게, 가쓰오부시 육수와 치킨스톡, 리코타치즈

가쓰오부시 육수

하루가 싸구려 급식소의 콩나물국 맛인 날이 있다. 콩나물 몇 번 흔들어 씻은 물에 소금만 뿌린 것 같은 맛. 그런 콩나물국에 으레 떠 있기 마련인 허연 콩나물 대가리 껍질처럼 책의 글씨도, 음악의 멜로디도, 영화의 자막도 국물 같은 하루에 둥둥 떠다니기만 한다. 즐거워야만 하는 휴일을 이렇게 끈 끊어진 인형 모양으로 보내고 있다는 게 갑자기 너무 화가 난다면 당신에게는 땀을 흘리며 빨래를 벅벅 빨아 버린 후의 개운함이 필요한 때. 하지만 난 빨래가 죽기보다 싫으니 대신 냉장고를 채워야겠다. 가스불에서 눈을 떼지 않고, 종일 종종거리며 냉장고에 육수와 치즈를 차곡차곡 쌓다 보면 하루가 끝날 때쯤 닝닝한 콩나물국 맛이었던 하루가 갑자기 반짝반짝 빛나는 보람찬 하루로 변신하는 순간을 맞이할 수 있겠다.

가쓰오부시 육수

+ **국물용 멸치 30마리**
+ **육수용 큰 냄비 가득 물 10컵**
+ **맛술이나 정종, 청하 등 2컵**
+ **다시마 손바닥만 한 거 1장**
+ **양파 1개 반 잘라서**
+ **말린 표고버섯 3~4개**
+ **무 5cm 정도 두께로 잘라서 1조각**
+ **통후추 10알쯤**
+ **혼다시 가루 2~3스푼 가득**
+ **국물용 가쓰오부시 손으로 가득히 다섯 줌**

01 멸치와 다시마를 찬물+술에 넣고 은근히 끓인다. 끓기 시작하면 바로 다시마는 건져준다. 시간이 넉넉하다면 찬물에 멸치와 다시마를 넣고 그대로 우려주는 것도 깔끔하다.

02 다시마를 건진 국물에 대파, 양파, 말린 표고버섯, 무, 통후추를 넣고 끓인다.

03 국물이 우러날 때쯤 불을 끄고 가쓰오부시를 넉넉히 넣어준다. 10분

쯤 그대로 두어서 가쓰오부시의 국물이 우러나게 해준다.

04 고운 체에 걸러낸 다음 한 번 쓸 만큼씩 나눠서 보관한다. 10인분 정도라고 생각하면 된다. 이 가쓰오부시 육수로 만들 수 있는 메뉴 몇 가지를 귀띔해 주겠다.

+1 일본식 된장국의 베이스로 최고. 이렇게 끓인 미소 장국은 맛이 예술이다.

+2 이 육수 한 컵에 물을 좀 섞고, 기코망 간장을 풀어 간을 맞추자. 그대로 훌륭한 우동 국물이 된다. 오이와 파, 새우 등을 얹어서 차갑게 냉우동으로 먹어도 그만이다.

+3 단맛을 더하고 간 무, 잘게 썬 쪽파, 와사비 조금을 곁들이면 그대로 메밀국수 완성.

+4 얇게 썬 생강과 설탕을 넣고 약한 불에 은근히 졸여준다. 삼겹살이나 닭고기를 굽고 얇게 채 썬 양파를 곁들인 다음 그 위에 소스를 뿌려준다. 일품요리 탄생이다. 감탄이 절로 나온다.

+5 이 육수와 간장과 설탕 약간을 섞는다. 양파와 얇게 썬 고기를 냄비에 담고 이 육수+간장을 자작하게 부어준다. 한소끔 끓인 다음 밥 위에 올리면 그게 바로 규동이다.

+6 규동과 같은 방법으로 닭고기를 넣고 끓인 다음(다리나 허벅지살이 맛있다) 그 위에 달걀 하나를 톡 깨서 반숙으로 익힌 다음 밥 위에 올려주면 오야코동이다.

+7 두부에 얇게 전분을 입힌 다음 튀기고 잘게 썬 쪽파와 간 무를 올려주고, 이 가쓰오부시 육수에 간장과 설탕을 조금 섞어 그 위에 부어주면 아게다시 도후.

+8 이 육수 한 통으로 만들 수 있는 요리는 무궁무진하다. 그것도 눈 깜짝할 새에 만들어지는 간단한 한 그릇들이 가득이다. 정말 보람찬 가쓰오부시 육수다.

치킨스톡

+ **닭 한 마리**
+ **샐러리 1줄기**
+ **양파 1개**
+ **당근 2개**
+ **월계수잎 2장쯤**
+ **타임, 오레가노 등으로 만든 허브 부케 (타임줄기, 오레가노 줄기 등을 실로 묶어 넣는다. 사실은 실로 꼭 안 묶고 그냥 던져 넣어도 상관없다)**

치킨스톡

01 준비한 재료를 모두 냄비에 넣고 끓인다. 야채들은 숭덩숭덩 큼지막하게 잘라 넣으면 된다.

02 일본식 조림요리에서 쓰는 것처럼 유산지를 깔때기 모양으로 접은 다음 냄비 입구의 사이즈에 맞춰 원으로 자른다.

03 중간중간 동그랗게 구멍도 뚫어준 다음 그걸 그대로 냄비 위에 덮고 끓인다. 이 유산지 뚜껑이 기름도 흡수하고 불순물도 잡아준다. 게다가 넘치지 않게 해주니 겨우 종이 한 장으로 수고가 많이 덜어진다.

04 닭이 다 익으면(뾰족한 칼로 찔러보아서 맑은 국물이 흘러나오면 다 익은 것) 닭을 꺼내 살을 발라내자. 뼈를 다시 넣고 끓인다.

05 다 끓인 육수는 냄비째 식혀준다. 겨울에는 찬 곳에, 여름에는 한 김 식힌 다음 냉장고에서 식혀준다. 닭에서 나온 기름이 위에 굳는다. 키친타월로 걷어주면 편하다. 귀찮지만, 기름은 꼼꼼히 걷어주는 게 좋다.

06 이제 비닐봉지나 지퍼락 등에 한 번 쓸 만큼씩 나눠서 냉동실에 얼린다. 스튜든 수프든 온갖 국물음식의 베이스로 쓰기 좋다.

홈메이드 리코타치즈

01 생크림과 우유를 바닥이 두꺼운 스테인리스 냄비에 넣고 중불에서 데우기 시작한다.

02 절대로 끓여서는 안 된다. 끓기 직전, 95도 정도의 온도가 적당하지만 온도계가 있을 리 만무. 그저 중불에서 끓지 않을 정도로 15분 정도 데운다.

03 온도를 유지하면서 미리 짜놓은 레몬즙을 원을 그려가며 조금씩 부어 넣는다. 이때쯤 소금간도 싱겁게 해준다. 한 번 살짝 저어준다. 금세 몽글몽글해지기 시작한다. 그럼 불을 끄고 가만히 내버려 둔다.

04 어느 정도 몽글몽글해지면 고운 천에 거를 차례. 큰 그릇 위에 체를 받쳐놓고 그 위에 고운 면보자기를 한 장 깔아준다. 그 위로 살살 냄비 속 액체를 부어주면 된다. 면보자기를 오므려 위를 동동 묶고 높은 곳에 매단다. 아래에는 그릇을 받쳐주자. 이렇게 해서 물을 빼 주면 홈메이드 리코타치즈 완성. 물을 어느 정도 빼주느냐에 따라 치즈의 질감이 결정되겠다. 살짝만 빼줘서 크림치즈처럼 빵에 발라 먹어도 좋고 빡빡하게 물을 많이 빼준 다음 깍둑썰기를 해서 올리브오일과 약간의 허브에 넣어 보관해도 된다. (이게 슈퍼마켓에서 파는 페타치즈와 비슷하다.)

홈메이드 리코타치즈

- **생크림 500ml**
- **우유 500ml**
- **레몬 1개**
- **소금 약간**
- **이태리 파슬리나 오레가노, 타임, 바질 같은 허브들을 다져 넣으면 허브 치즈로**
- **말린 살구, 크랜베리, 무화과 등의 과일이나 견과류를 다져 넣어도 훌륭하다.**

05 아래에 고인 물은 화분에 주거나, 세수를 해도 좋다.

06 이렇게 만든 홈메이드 리코타치즈는 라자냐에 넣거나, 샐러드와 함께 먹어도 만점이다. 레어치즈케이크를 만들 수도 있겠다. 하지만 뭐니 뭐니 해도 잡곡빵에 간단히 발라 먹는 것만큼 맛있지 않다. 그저 좋은 건 그냥 먹는 게 최고다.

이기적 식탁

사치와.
평온과.
쾌락의.
부엌일기.

글·사진 이주희

designhouse

10 A.M.

아침 10시를 위한 식탁

01 유희형 요리인 / 끼니를 잘 때우는 한 그릇 레시피
02 섹스는 모닝섹스, 아침은 팬케이크 / 브렉퍼스트 판타지, 팬케이크
03 여자 잘 만난 프렌치토스트 / 그 이름이 아깝지 않은, 프렌치토스트
04 콜린 패럴을 닮은 북극곰 / 파트 타임 베지테리언의 하루 식단
05 낮술의 효용 / 해장의 발견, 똠얌꿍과 행오버스페셜
06 남자는 무쇠팬과 다를 바 없다 / 믿음직한 한 냄비, 이태리식 오믈렛 프리타타와 셰퍼드파이
07 안녕, 새벽 김밥 / 엄마 김밥의 맛

3 P.M.

낮 3시를 위한 식탁

01 복수의 햄버거 / 궁극의 햄버거와 파마산 감자구이, 홈메이드 레모네이드
02 시작은 고생이나 끝은 중독이리라, 올드 베스파와 코리안더 – 취향의 허브, 레몬 코리안더 치킨커리
03 첫 경험 / 처음 해 보는 음식을 위한 팁
04 죄의식 없는 쇼핑 / 조립 레시피, 딸기 요거트와 솔티초콜릿 토스트
05 건강연애주스 / 드링크 업! 바나나라마, 페이크 콩국물, 아몬드 밀크
06 엄마놀이 / 아직도 엄마를 찾는 그들에게, 엄마의 미트볼
07 연애는 미원맛 / 길거리 떡볶이와 제대로 끓인 오뎅국
08 깻잎 따기로 극복하는 사회생활 기피기 / 밍밍한 하루를 보람[illegible] 가쓰오부시 육수와 치킨스톡, 리코타치즈

8 P.M.

저녁 8시를 위한 식탁

1 A.M.

새벽 1시를 위한 식탁

Evening table

10 A.M.

3 P.M.

8 PM

저녁 8시를 위한 식탁

8 P.M.

01 Night is Short, Eat me First / 다른 꽁꽁이가 있는 밤을 위한 초스피드 메뉴, 피시 파피요트

02 미식가의 혀는 맛있을까 / 마님이 돌쇠에게 내린, 산낙지와 낙지부야베스

03 애인의 용도 / 애인보다 나은 오코노미야키

04 마음고생 다이어트 / 실연과 시련을 잊게 해 주는, 초콜릿 케이크

05 고든 램지와 꽃등심 / 집에서 먹는 꽃등심 참숯 화로구이

06 핑거 리킹 카르보나라 / 파스타계의 디저트, 카르보나라

07 생굴 7kg 해치우기 / 잔칫집처럼, 굴파티

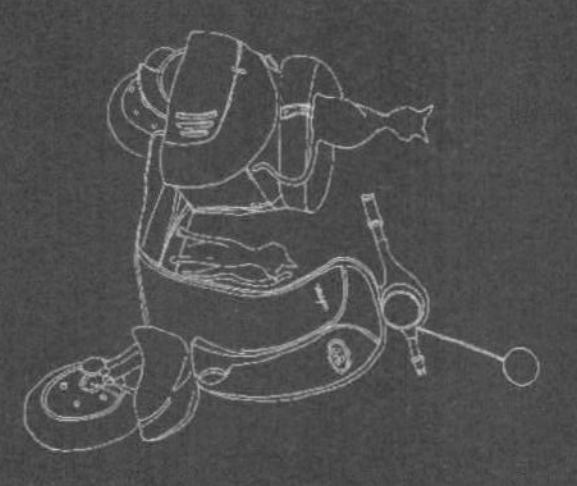

1 A.M.

Night is short, eat me first

다른 꿍꿍이가 있는 밤을 위한 초스피드 메뉴, 피시 파피요트

01 fish en papillote

사건의 전말은 이렇다.

오늘 아침 막 회사에 도착한 나는 메일을 열어 보다 말고 깜빡 나를 놓아버렸다. 정신을 차리고 보니 내 손가락은 휴대폰의 전송 확인을 누르고 있었다. '오늘 바빠? 저녁때 자기네 부엌 좀 빌릴까? 맛있는 거 해줄게' 라고 쓰인 메시지를 보내고 말았다. 어젯밤 내가 처음으로 그의 집에 놀러 가는 꿈을 꿨던 게 화근이었다. 나는 마음에 걸리는 일이 있거나, 하고 싶은 게 있으면 새벽녘쯤 꼭 그걸 꿈으로 꾸는 버릇이 있다. 꿈속에서는 모든 걱정거리가 해결되고, 하고 싶던 걸 이룬다. 그런 내가 그의 집을 가보는 꿈을 꿨다니, 순간 스스로가 우스운 동시에 처량하게 느껴져 문자를 보내버린 것이다. 물론 답장은 예스. 나는 미묘하게 입꼬리를 올리며 음흉하게 오우 예, 하고 나지막이 외쳤다.

집에서 저녁을 먹자는 건 준비된 대사다. 영화에 나오듯 집 앞에서 헤어지기 직전 "커피 한잔 하고 갈래?"라는 말은 난 도저히 못하겠다. (제발 하지도 말자, 할리우드영화 흉내나 내는 바보같이 들릴 뿐이다.) 게다가 한밤중에 커피를 마시면 어쩌자는 건지. 커피를 마시고 맑아진 머리로 밤새 깨어 뭘 하자는 거야. 하지만 집에서 저녁을 해주겠다는 말은 전혀 다른 유혹이다. 속물 같은 "커피 한잔 마시고 갈래?"보다 훨씬 덜 노골적이면서 훨씬 더 사랑스럽고, 또 묘하게 자극적이다. 연분홍색의 스테이크를 깨무는 하얀 이나, 아스파라거스를 집어 드는 손가락을 보게 될 거라고 상상해 보아라. "우리 집 와서 밥 먹을래?"라고 상대가 말해주는 걸 꿈꿔보지만 아직 한 번도 그런 사람은 못 만나봤으니 그냥 내가 알아서 하는 편이 좋겠다. 헛된 꿈은 인생의 질만 떨어뜨릴 뿐이니까.

그의 답장을 받고 빙그레 웃던 입꼬리는 그러나 다음 순간 그대로 굳어 버렸으니, 아침에 주워 입고 나왔던 속옷들이 생각났기 때문이다. 팬티는 빨래를 잘못 해서 군데군데 파란 물이 들고 빛이 바랜 핑크색 면 팬티인 데다가 브라는 안 입은 듯 편하다는 것 말고는 존재 이유가 없는 오래된 스킨톤 브라다. 빨래를 못한 게 화근이다. 이건 아니야. 무계획에 충동적인 자유영혼도 좋지만, 이건 정말 아니잖아.

여기서 잠깐, 오늘 저녁 브라와 팬티가 그 집의 인테리어를 구경할 일이 있을지 없을지가 중요한 것이 아니다. 손사래를 쳐가며 오해하지 말라고 전면 부정할 수 없긴 하지만 말이다. 속옷은, 란제리는 다른 의미로 중요하다.

상대방에게 속옷은 크렘 브륄레 **Crème brûlée** 위를 덮은 설탕 한 겹과 같다. 은근하게 출렁이는 가슴 같은 부드러운 바닐라향의 커스터드를 아슬아슬 얇게 뒤덮은 이 설탕 한 겹은 스푼으로 건드리기만 해도 '파사삭!' 하며 깨지기 위해 존재하는 게 아니던가. 크렘 브륄레의 하이라이트는 이 부분이라고 나는 생각한다. 건드리기만 해도 '파삭!' 하며 연한 노란빛의 커스터드 속으로 반짝이는 스푼의 끝이 잠기는 그 순간.

속옷도 다를 바 없다. '벗긴다'라는 움직임을 만들어 주기 위해 '입는' 것이다. 눈앞에 놓인 크렘 브륄레 위의 설탕을 깨기 전, 한 호흡을 들이마시는 것처럼 밤에 일어나는 모든 일 중 가장 숨 막히는 부분을 만들어 내기 위해. 풀고, 끌어내리고, 벗겨내고 드러나는 아주 잠깐이지만 기대감이 최고조에 이르는 순간.

그렇다면 그 섹시하고 아름다운 란제리들은 어디다 쓰냐고? 생각해 보

아라. 파스텔톤의 빨주노초파남보, 요일팬티 중 화요일용 팬티인 것 같은 '빤스'를 입고 내 안에 숨겨진 섹시한 팜므 파탈을 끄집어낼 수 있을 것 같은가? 보풀이 송송 올라오고 (파란 물이 얼룩진) 핑크색이었을 것으로 '추정'되는 '빤쓰'를 입고? 그렇다. 섹시하고 적절한 란제리는 자기 확신을 높여줄 매우 개인적인 도구일 뿐이다. 그러니 란제리는 나를 위한 쇼핑이 되는 것이다.

물론, 엄마가 홈쇼핑으로 주문해서 아빠와 나눠 입으라며 옷장에 넣어 준 희멀건 건물 벽 색깔의 빛바랜 사각팬티를 입은 남자는 싫다. 최소한 자기 팬티를 자기가 살 정도는 되었으면 한다. 하지만 간신히 찾아낸 좀 마음에 든다 싶은 남자와 고작 팬티 때문에 헤어질 수는 없지 않은가. 멀쩡한 남자 찾기가 하늘의 별 따기인 이런 세상에 말이다. 팬티 따위, 새로 사 주면 그만이지.

그래서 나는 조금의 주저함도 없이 점심을 과감히 생략하고 회사 앞 백화점으로 달려갔다. 내 생일날에만 나에게 주는 선물로 사는 프랑스 브랜드의 란제리를 사버리고 말았다. '이럴 것까지는 없었는데'라며 잠깐 후회했지만, '에이, 그냥 올해의 생일 선물을 4개월 미리 산 셈 치지 뭐, 이건 긴급 상황이라고'란 정당화로 훌륭하게 마무리했지. 얼마나 정당화에 능하느냐가 쇼퍼홀릭의 레벨을 나누는 한 가지 조건이라면 그것만큼은 자신 있다고. (그러나 나는 알고 있다. 생일 때에는 그래도 생일이니까, 라며 한 벌을 더 살 거라는 걸.) 드레스룸에서 갈아입고 나오자 공중전화부스에 들어갔다 나온 슈퍼맨 모양으로 갑자기 '이 란제리가 빛을 발하게 만들고 말겠어'라는 투지에 불타오른다. 좋아, 좋아. 바로 이

효과인 거야. 내 말이 맞지?
그리고 본연의 의무로 겨우 돌아가 지하 1층 식품매장으로 내려간다. 한 바퀴를 둘러보며 오늘의 메뉴를 생각해 본다. 장은 퇴근할 때 그와 만나 같이 볼 예정이지만 미리 훑어봐 주는 건 큰 도움이 된다. 너무 신경 쓰지 않은 듯 편안하면서 간단하고 시간이 걸리지 않는 메뉴를 골라내야 한다. 내가 잘하는 단골 메뉴를 고르는 편이 좋다. 이 메뉴 선정을 잘못했다가는 쫄쫄 굶다가 성질부리는 애인을 발견하게 되거나 싸구려 피자를 시켜먹는 걸로 이 밤을 마무리하게 될지도 모르니까.

우선, 저녁식사의 스타일을 정해본다. 오므라이스 같은 가정식으로 소꿉놀이 분위기를 만들어 볼까, 스테이크나 파스타처럼 팬시한 메뉴로 가볼까. 나의 새 브라와 팬티가 오므라이스는 안 된다고 속삭인다. 그렇지, 그 기분은 아니야. 너무 배가 불러 소파에 드러누워 버리고 싶은 그런 메뉴도 금물이다. 다 그럴 만한 이유가 있다. 문자를 보낸다. '오븐은 있니?', '응, 누가 준 작은 게 있긴 한데 난 빵 구울 때 빼고는 안 써봤어.' 그의 부엌 체크 완료. 그래, 생선이 좋겠다. 생선은 시간도 오래 걸리지 않는 데다가 노력보다 고급스러운 분위기를 만들어 낸다. 아, 파피요트 En Papillote! 유산지로 봉투를 만들어 생선을 넣고 양념을 한 다음 오븐에 20분쯤 굽는 파피요트 Fish en Papillote 가 딱이다. 생선 굽는 냄새와 연기로 집 안의 분위기를 생선구이 가게로 만들 리도 없다. 봉투를 찢으면 확 올라오는 스팀과 함께 향긋한 향이 퍼지는 퍼포먼스까지 있으니, 이보다 좋을 수가 없다. 어쩌면 맛보다도 그 프레젠테이션에서 더 점수를 따는 요리다. 연어가 만만하지만, 기름이 많고 향이 조금 강해 난 별로다. 약간

비싸지만 흰살 생선 중 하나를 골라서 포를 떠 달라고 하면 되겠다. 광어가 맛있는데. 남자 입맛에는 조금 심심한 게 아닐까 싶어서, 약간 맛이 강한 소스도 같이 준비. 간단한 샐러드와 파피요트, 심플하게 통후추와 파르미자노만 넣은 링귀니, 디저트는 크렘 브륄레를 사야지. 대체 맛볼 크렘 브륄레가 몇 개인 거야.

손에 잡힐 리 없는 일 따위 제쳐놓고 이렇게 저렇게 시뮬레이션을 하다 보니 금세 퇴근시간이 되었다. 기다리는 게 있으면 시간이 빨리 간다. 오후 내내 계획했던 그대로 그를 만나 장을 보고, 그의 집에 들어서는 기념비적인 순간을 맞이했다. 그의 집은 다행히도 평범했다. 적당히 정신없고, 적당히 어지러웠다. 약간의 안도감이 들었다.
나도 배고프고, 그도 배고프니 얼른 요리를 시작한다. 그는 내 옆에서 내가 시킨 대로 얌전히 조수의 태도로 냄비며 양념들을 찾아주고 있다. 파피요트는 탁월한 선택이었다. 마치 베테랑인 양 여유를 부리면서 금세 테이블을 차릴 수 있었다. 감탄하는 그의 눈빛을 즐기면서.

형광등을 끄고 작은 스탠드를 켠다. 드디어, 그와 내가 마주 보고 앉는다. 파피요트의 종이를 칼끝으로 찢자 뜨끈한 스팀과 함께 기대한 대로 향기가 올라온다. 화이트와인을 따르고, 건배를 하고, 눈을 마주치며 한 모금. 입술에 묻은 와인 방울을 혀로 핥는다.
이를 어쩌나, 맛있는 건 가장 먼저 먹어야 하는 내 버릇이 또 나오려고 한다. 오늘 이 테이블에서 가장 맛있는 건 뭘까 잠깐 생각해 볼까. 사실, 생각할 필요도 없지. 자크 토레는 말했다. "Life is short, eat dessert first.

인생은 짧아요, 디저트를 먼저 먹어요!" 라고. 와인을 막 삼키고, 기대에 차 입술을 가볍게 깨물며 막 포크를 들려는 그의 왼손 위에 내 손을 올린다.

김이 모락모락 올라오고 있는 파피요트에서 눈을 떼지 못하던 그가 고개를 든다.

내 머릿속엔 이 말밖에 떠오르지 않는다.

"Night is short, eat me first."

다른 꿍꿍이가 있는 밤을 위한 초스피드 메뉴, 피시 파피요트

피시 파피요트(fish en papillote)

+ **흰살생선필렛(포 뜬 것) 1마리**
+ **딜 4줄기**
+ **대파 하얀 부분 10cm**
+ **당근 가늘고 긴 것으로 반 개**
+ **로즈메리 3~4잎**
+ **타임 1줄기**
+ **마늘 2개**
+ **올리브오일**
+ **좋은 소금**
+ **통후추**
+ **드라이한 화이트와인 (마시려고 산 것 조금 넣으면 된다) 반 잔 정도**

01 가게에서 생선을 살 때 살만 포를 떠달라고 한다. 딜을 생선포 가운데 놓고 돌돌 만다.

02 대파, 당근은 둥글게 썰고(2~3mm 정도로 썬다) 마늘은 칼로 한 번 내리쳐 부숴준 다음 대강 다진다. 여기에 로즈메리 조금과 타임 한 줄기 정도를 훑어 잎만 넣어준다. 올리브오일을 뿌려 뒤적뒤적 섞어준다.

03 유산지를 꺼내서 길게 편다. 보통 사이즈의 도마를 덮을 정도의 크기면 된다. 이걸 반을 접어서 봉투처럼 만들 거니까. 채소들을 오른쪽 반에 수북하게 올린다. 그 위에 말아놓은 생선포를 올린다.

04 올리브오일을 한두 번 휙 뿌려준 다음, 좋은 소금과 통후추로 간한다.

05 유산지를 반으로 접고 맨 끝부터 조금씩 접어가면서 단단하게 봉해준다. 한 면을 한 번에 다 접는 것보다는 한 5cm씩 겹쳐가며 접어주면 좋다. 혹시 전혀 이해가 안 가거든 구글에 파피요트(papillote)를 검색해 보자. 수천 개의 동영상 설명을 찾을 수 있다.

06 거의 다 접고 한두 칸만 남았을 때 저녁때 마시려고 사둔 화이트와인을 그 사이로 찔끔 부어준다. 생선과 잘 어울리는 가벼운 와인이 좋겠다.

07 오븐에 넣고 160도에서 20분간 굽는다. 스팀이 올라오면서 빵빵해진다.

08 다 된 파피요트를 접시 위에 올려 조심스럽게 테이블로 가져가서는 칼끝으로 가운데를 살짝 찢어준다. 스팀과 향이 무럭무럭 올라온다.

미식가의 혀는 맛있을까

마님이 돌쇠에게 내린, 산낙지와 낙지부야베스

02 bouillabaisse

앞자리의 카피라이터 언니가 뭔가를 계속 쪽쪽쪽 빨고 있었다. 파티션 넘어 빼꼼 고개를 내밀어 보니 언니의 키보드 옆에는 뭔지 모르겠는 짧은 매듭이 잔뜩 쌓여 있었다.

"뭔데 그걸 그렇게 먹고 있어?"

그러자 언니는 꼭지는 없고 알만 동동동 굴러다니고 있는 체리 한 그릇 가득을 먹으라며 넘겨주었다.

"이건 필요 없어. 살만 쪄. 지금 혓바닥 단련 중이거든. 조만간 키스할 것 같아서 준비 중이시다."

언니는 진지했다. 체리 꼭지를 입에 넣고는 오물오물 혀로 한 번 매듭을 지을 줄 알면 그 길로 그냥 키스의 달인이 된단다. 만약 그게 사실이라면, 키보드 옆 임무를 다한 체리 꼭지들의 수로 보건대 언니는 조만간 키스로 이 세계를 정복하고도 남을 정도였다. 남자가 생겼나 해서 눈을 동그랗게 떴더니 그저 미래의 남자를 위한 작은 노력이라나 뭐라나. 슬프게도 내가 이 글을 쓰고 있는 지금까지도 언니는 이 특훈의 결실을 맛보지 못하고 있다. 조금 있으면 그 혀에 붓을 들려서 자기 카피 한 줄을 캘리그래피로 써낼 만한 경지가 될 시간이 지났는데 말이다. 이 글을 빌려, 그 유연한 혀가 굳기 전에 얼른 정복할 남자가 생기길 진심으로 바랄 뿐이다.

체리 매듭을 지은 단련된 언니의 혀는 근육질이려나 하고 피식거리다가, 언젠가 술자리에서 내가 미식가의 혀는 더 맛있을 것 같다고 말했던 게 기억났다.

맛있는 음식을 많이 먹어서냐고? 우설 소혓바닥 구이도 아닌데 그게 무슨 소리.
와인 한 모금을 입안에서 굴려 온갖 향을 잡아내는 센서티브한 혀와 연하디연한 발간 소고기 조각을 우악스럽지 않게 지그시 깨물 줄 아는 조심스러운 이, 그리고 초콜릿 무스가 묻은 스푼을 '쪽' 빨아내는 가볍지만 힘 있는 입술이라면 훌륭한 키스를 할 것만 같기 때문이었지. 게다가 나는 음식을 먹는 모양새와 태도에도 홀리는 타입이거든.

영국 영화 〈캐쉬백〉을 보면 여자들이 화가 애인을 꿈꾸는 이유를 한 줄로 명쾌하게 설명하는 대사가 나온다. "화가는 다른 사람들이 보지 못하는 숨은 아름다움을 봐줄 것 같기 때문이죠." 화가 애인을 가져본 적이 없어 저게 맞는지는 모르겠지만, 거의 흡사한 이유로 내가 리스트에 넣어놨던 미식가의 경우는 결국 빨간 줄을 북북 그어 지워버렸다는 걸 이제 밝히는 바이다. 미식가도 화가처럼 간질간질, 잘근잘근 한 입씩 나를 맛보며 섬세하게 숨겨진 맛을 찾아내며 감탄해 줄 거라고 생각했던 건 멍청한 생각이었다.

그러니까, 나는 '자칭 평론가에 가까운' 미식가 남자를 만나긴 했었다. 내가 운이 안 좋아 유난히 별로인 사람을 만났던 거겠지만, 한 번의 경험이 모든 걸 좌우하기도 하는 법. 그는 키스는커녕 함께 식사부터가 힘든 타입이었다. 밥 한 끼 편히 먹지 못하는데 연애는 무슨! 맛없는 음식으로 배를 채우는 건 나 역시 최대의 죄악이라고 생각하지만 길바닥에서 여길 갈까, 저길 갈까를 조금 심하게 고민하는 것으로 우리의 식사는 시작

된다. 마침내 레스토랑에 들어와 고시 공부라도 하듯 메뉴를 읽고 이 길고 긴 시간을 참아내 드디어 음식 한 접시를 얻어내게 되지만 이것도 끝이 아니었다. 음식 한 입을 먹고, 행복한 반달눈을 하며 "아, 맛있다!"라고 말해주기만 했더라도 다 용서할 수 있었을 텐데, 여기에 이건 어울리지 않는다는 둥의 트집으로 시작해, 여기에 들어간 허브의 이름을 맞혀보라는 퀴즈까지. 음식 맛을 보기도 전에 그 접시가 보기 싫어질 정도로 만드는 일이 부지기수였다. 게다가, 늘 메뉴 선택은 자기 몫이었는데, 처음엔 '잘 아니까 골라주고 싶겠지'라고 너그럽게 생각했었다. 그러나 알고 보니 이것도 먹어 보고 싶고, 저것도 먹어 보고 싶은데 혹시나 내가 같은 메뉴를 고를까 봐, 자기가 먹어 보고 싶은 메뉴를 고르지 않을까 봐 미리 선수 쳤던 거였다지? 아, 치사해.

몇 번의 데이트마다 이러다 보니 나중에는 땀을 뻘뻘 흘려가며 허겁지겁 숨도 안 쉬고 쌀밥을 퍼 넣는 돌쇠가 훨씬 낫겠다는 생각이 들기 시작했다. 혹시나 일이 잘못되어서 나중에 이 남자와 결혼이라도 하면 "밥맛이 왜 이런가 했더니 쌀을 왼쪽으로 네 번, 오른쪽으로 다섯 번 조심스럽지만 단호하게 손목과 손가락에 스냅을 주며 돌려 씻지 않은 게로군!"이라든가, "달걀을 풀 때는 10초 이내에 빠르게 풀어야 달걀말이가 이 모양이 되지 않는단 말이다"라며 내 피를 말리겠지?

이렇게 해서 결국 미식가의 혀는 그리 맛보고 싶지 않은 메뉴가 되어버렸고 이게 모두 그 남자의 책임은 아니지만 나는 어쩐지 귀에서 종소리가 난다는 혼을 쏙 빼는 키스도 포기해 버리게 되었다.

이참에 나는 나의 키스들을 찬찬히 되돌아보기로 했다. 백설공주는 연애를 하기도 전에 죽은 사람도 살리는 키스를 받았건만(역시 이런 동화들은 되도록 접하지 않는 편이 나을지도 모르겠다) 지난 십수 년 동안 내가 거친 수십 번의 연애와 수천 번의 키스는 뭐였던가, 그동안의 나의 키스들은 전부 함께 살려면 반드시 주변인들에게 보여줘야 하는 의무 결혼식같이 2루 진루를 위해 넘어가야만 했던 1루였을 뿐이었나. 돌아봤자 남는 건 안타까움뿐이더라.

이쯤 되니 냉동실을 열고 아이스크림 한 통을 꺼내 올 수밖에 없다. 꽝꽝 얼어 있는 아이스크림을 전자레인지에 잠깐 돌리면 스푼이 부드럽게 들어가고, 혀에 올리자마자 녹아버리는 백 점짜리 아이스크림이 된다. 키스의 질에 일찍 눈뜨지 못한 지난날을 반성하는 마음으로 키스 대신 아이스크림이라도 내 혀에 부드럽게 감길 수 있도록 해준 셈이랄까. 슬프구나, 그동안의 천대를 고작 아이스크림 따위에 위로받는 혀와 입술이라니.

오늘의 메뉴는 캐러멜과 초콜릿 칩이 박힌 바닐라 아이스크림이다. 이렇게 입술에서부터 녹아들기 시작해 캐러멜처럼 입 안 가득 찐득하고 달콤하게 감긴 다음, 마지막으로 다크초콜릿처럼 쌉쌀하게 끝나는 게 진짜 키스의 맛이려나, 라고 부질없이 상상하면서 한 통을 다 비우고 말았다.

한 통으로는 혀에 기별도 안 가는구나.

마님이 돌쇠에게 내린 산낙지

마님은 정말 돌쇠에게 쌀밥만 줬을까. 무식하게 힘만 센 돌쇠를 하늘하늘 양귀비꽃 같은 마님이 좋아할 수 있었을 리가 없다. 알고 보니 마님은 돌쇠에게 산낙지를 줬다고 한다! 산낙지를 입에 넣고 달라붙는 다리들을 부지런히 혀로 떼어가며 먹다 보니 어느새 돌쇠도 세계를 정복할 만한 키스 스킬을 갖추게 되었고 그리하여 결국 돌쇠는 마님에게 어울리는 비밀의 남자가 되었다는 비하인드 스토리(물론 내가 지어낸 비하인드 스토리). 죽은 소도 벌떡 일으킨다는 낙지이니 쌀밥도 필요 없었을지도. 당신 애인의 키스도 조치가 필요하다면 이번 가을에 수산시장에 달려가 산낙지를 구해 오는 게 좋겠다. 세발낙지는 야성적으로 나무젓가락에 감아 통째로 먹고, 약간 통통하고 더 굵은 애들은 잘라서 먹는 게 정석이라지만 나는 야들야들한 세발낙지를 통통통 잘라 먹는 게 좋더라. 당신의 애인에게는 좀 더 강도 높은 훈련이 필요하다고 생각되면 더 굵고 힘 좋은 낙지를 고르시든가.

한 가지 팁, 미리 낙지를 잘라 오면 집에 오는 길에 다 죽어버리고 마니 집에서 눈 딱 감고 직접 내려치자. 딱 한 가지 주의할 점이라면 되도록 애를 잡기 전에 대화를 하거나 신기하다며 오랫동안 바라보지는 말라는 것. 조그맣고 동그란 대머리가 꼬물꼬물대는 걸 자꾸 보면 귀엽다는 생각이 들기도 하고, 그러다 보면 나중에 내리칠 때 많이 미안해지고 마니까.

산낙지

01 낙지를 물에 잘 씻는다.

02 낙지 머리를 꽉 잡고, 텔레비전에서 아줌마들이 하던 것처럼 주룩 훑어내려서 애를 차렷! 자세로 만들어 준다.

03 무거운 칼로 탕탕탕탕, 원하는 길이로 잘라준다.

04 그릇에 옮겨 담고 참기름 몇 방울과 깨소금, 잘게 썰어둔 파를 뿌린다. 은은하고 쫄깃한 낙지맛을 위해 나는 그냥 이대로 먹는다. 하지만 정 아쉽다면 참기름 살짝 넣은 된장 정도가 좋겠다. 생선살이고 낙지다리고 간에 초장으로 옷을 입혀 먹는 건 걔네들에 대한 모독이다. 초장 맛밖에 느껴지지 않는다.

•
•
•

낙지를 넣은 부야베스 스타일 해물스튜

산낙지를 전채로 먹고 남은 낙지는 조개, 새우, 꽃게 등 해물과 함께 토마토소스로 해물스튜를 만들자. 파스타를 삶아 남은 소스에 비벼 먹으면 불낙전골에 비빈 밥이나, 해물탕에 볶은 밥 따위 부럽지 않다.

부야베스는 세계 3대 국물요리 중 하나로 꼽히는 요리인데 이거랑 비슷하게 만드는 토마토소스의 해물수프 요리.

혹시나 샤프란이 있다면 – 세탁 세제가 아니라 노란 꽃의 암술로 금값과 맞먹는다는 향이 좋은 허브 – 뜨거운 물에 한두 가닥을 노랗게 우려내서 넣으면 그야말로 진짜 부야베스가 되겠다. 하지만 사프란 구하기는 하늘의 별 따기 비슷하니 그걸 뺀 부야베스 비슷한 레시피다. 30분쯤 걸리니까 토마토소스(2번까지)는 산낙지를 때려잡기 전에 미리 끓여놓는 것도 방법.

부야베스 스타일 해물스튜

- **양파 1개 얇게 채 썰어서**
- **말린 빨간 고추 조금**
- **파 1줄기 얇게 채 썰어서**
- **올리브오일 1테이블스푼**
- **홀토마토 캔 1/2**
- **조개나 생선, 새우머리 육수 2컵 (없으면 물)**
- **여러 가지 해물(집에 있는 어떤 해물이든 – 낙지, 조개, 새우, 꽃게, 흰살 생선살, 가리비, 오징어 등)**
- **화이트와인 약간(정종이나 청하도 OK)**
- **이태리 파슬리 조금**

01 양파, 말린 빨간 고추, 파를 전부 얇게 채 썬다. 중간불쯤에 달군 팬에 올리브오일을 한 스푼 붓고 채 썬 것들을 전부 넣어 잘 볶는다. 잘 익어서 먹음직스러운 갈색이 될 때까지 볶는다. 태우지 말 것. 시간이 좀 걸리지만 진득하니 계속 저으면서 볶아주자.

02 다져놓은 토마토와 생선육수를 넣고 10분쯤 끓인다. 살짝 먹어봐서 토마토 맛이 너무 시큼하다 싶으면 설탕을 아주 약간 넣는다. 아주 약간. 그럼 신맛이 줄어든다. 토마토소스를 만들 때 이렇게 하면 된다.

STAUB

03 가지고 있는 해물들을 냄비에 쓸어 넣고, 화이트와인도 조금 부어준다. 소금과 통후추로 간을 맞추고 해물이 익을 때까지만 잘 끓여준다. 너무 오래 끓이면 다 질겨지니 딱 익을 정도, 뚜껑 닫고 2~3분이면 충분하다. 위에 다진 이태리 파슬리를 수북이 뿌려준다.

04 해물을 전부 건져 먹고는 남은 국물을 조금 더 끓여 살짝 졸인 다음 파스타를 삶아 비벼 먹으면 훌륭한 식사의 마무리. 탈리아텔레처럼 너무 넙적하거나 너무 짧은 펜네 같은 것만 아니면 좋아하는 파스타 어떤 것도 괜찮다. 나는 살짝 넙적하면서 얇은 링귀니나 국물을 흠뻑 머금을 수 있는 가느다란 카펠리니 엔젤헤어를 편애. 소면처럼 가늘어서 해물잔치국수라도 먹는 기분이다. 파스타를 삶는 시간이 있으니 미리 물을 미리 팔팔 끓여놓고, 남은 토마토소스를 불에 올려 살짝 졸이면서 파스타를 삶으면 시간이 대략 맞겠다. 맛나게 먹다가 중간에 음식이 끊기는 것만큼 조바심 나는 일도 없으니까.

애인의 용도

애인보다 나은 오코노미야키 씨

03 Mr. okonomiyaki

세상 참, 좋아하는 것만 하고는 살 수 없다더니, 음식마저도 좋아하는 것만 먹을 수가 없다.
6시간마다 돌아오는 식사시간, 먹고 싶은 메뉴를 찾는 것도 일이다. 먹고 싶은 메뉴를 고르는 게 아니라, 우선 골라놓고 "응, 그래. 이게 바로 내가 먹고 싶던 거야!"라고 스스로를 설득하는 데 성공해야 덜 억울해진다. 여기에 실패하면 저녁시간이 올 때까지 이 지루한 근무 시간의 한 줄기 빛 같은 점심식사를 내가 원하지 않던 맛대가리 없는 음식으로 배를 채워 망쳐버렸다는 죄의식과 분노에 시달려야 한다. 겨우 한 끼 때문에. 이게 계속되면 언젠가부터는 모든 걸 포기하고 집의 밑반찬으로 도시락을 싸기 시작하고, 여기에도 실패하면 드디어 점심을 굶기 시작하는 일까지 생길 수도 있다. 코스트코 costco 에서 파는 18개들이 머핀은 초코머핀만 빼고는 전부 다 맛이 별로라 초코머핀만 사고 싶지만 치사하게 그렇게는 팔지도 않는다. 결국 18개를 다 사서 인상을 쓰며 먹어 없앤다. 카레에 들어간 당근도 너무 싫은데 당근을 안 넣으면 색깔이 칙칙해져서 결국 넣고는 나중에 하나씩 골라내고 있다. 뭘 하나 먹을 때도 요즘 살 많이 쪘는데 이거 먹어도 될까를 한참 고민하고는(어차피 먹을 거였으면서 말이지) 먹고 나서도 괜히 먹었다며 자책한다. 찌개든, 스튜든, 뭐든 꼭 좋아하지 않는 게 하나씩은 들어 있기 마련이다. 이 나이가 되어서 찌개 안에서 젓가락을 돌려가며 낚시질은 할 수 없으니 숟가락에 어쩔 수 없이 걸리는 녀석들은 먹을 수밖에. 뭐 하나 맘 놓고 되는 게 없다.

겨우 음식 따위도 나 좋아하는 대로 골라 먹기 힘들다, 젠장할.
그런데, 좋아하는 것만 넣어서 부쳐 먹으라는 오코노미야키, 이 얼마나

친절하고 다정한 메뉴인지 모르겠다.

나 이거, 나 저거, 온갖 것들을 손가락질하며 혀 짧은 소리로 졸라도 전부 다 받아주는 애인인 셈이다. 어쩜 이리 마음이 넓은지. 생각해 봐, 이런 애인 만나본 적 있던가? 클리비지가 섹시하게 보이는 탑도 마음에 안 들어 하시고, 금요일 밤의 클럽도 시끄럽고 번잡해 싫으시단다. 그럼 현명한 우리는 관대하게 수긍하는 척을 해 주고는 그가 없을 때 그 탑을 입고 친구들과 세상이 끝나도록 클럽에서 놀아주는 거다.

그러나 내 오코노미야키 씨는 뭘 안겨줘도 약간의 밀가루와 달달한 양배추로 감싸안아 주시니, 밀가루와 양배추를 한 포대쯤 먹여서 뱃속을 꽉 채우면 내 애인도 그렇게 될 수 있을까 싶어진다. 애인보다 나은 오코노미야키 씨. 생각해 보니 세상에는 애인보다 나은 게 꽤나 많던데, 그럼 애인은 어디다 쓰나요?

애인 팔베개보다 나은 베개, 애인보다 더 지그시 나를 눌러주는 적당한 무게의 이불, 애인보다 빠른 택배, 애인보다 친절한 쇼핑몰, 애인보다 더 웃게 해주는 친구들, 애인보다 나은 바이브레이터?

어쩌면 애인의 가장 이상적인 용도는 서로가 항상 상대에게 뭔가를 해줄 수 있는 대상으로 존재하는 것일지도 모른다. 받기 위해서가 아니라 해주기 위해 있는 사람. 굳이 정리하자면 '이기적으로 주는 기쁨'이 이 애인과 나누는 사랑의 정체가 아닐까. 그래서 내 새로 산 탑이 싫으시다면 그를 만나는 날만은 다른 옷을 입어 줄 수 있고(다른 날 입으면 되지! 그의 의견과 취향 따위 사실 알 게 뭐람!) 클럽 대신 피자와 DVD 한 편을 택할 수도 있다. 대신 그는 내가 며칠 전 지나가듯 재밌겠다고 말했던, 대사가 장맛비처럼 쏟아지는 프랑스 영화를 가져왔을지도 모른다. 그래서

소파에 길게 누워 내 머리를 만지작거리는 그를 보며 서로 빙긋 웃을 수 있는 거겠지. 만약 당신이 유행 한참 지난 시니시즘에 아직도 빠져 있다면, "그래, 인간은 다 자기만족인 거지, 사랑도 이기적인 거야. 다 필요 없다"라고 할 테고, 사랑의 달콤함에 도취되어 있거나 인도주의에 푹 빠져 있다면 "그래, 사랑은 희생적인 거야. 나는 이 몸을 내던져 불태울 거야"라고 중얼거릴 거라는 것쯤은 알고 있다. 뭐, 희생이든 자기만족이든 난 관심 없다. 나만 좋으면 되니까.
단, 한 가지 주의할 점. 너무 당연한 이야기지만, 당신 혼자 섣불리 애인의 용도를 이렇게 주는 기쁨으로 생각했다간 그 냄새를 맡은 상대방이 당신의 뒤통수를 치고 갈라진 두개골 사이에 빨대를 꽂은 다음 쪽쪽쪽 남김없이 빨아 먹고는 갖다 버릴 게 뻔하다. 사람 봐가면서, 잘 골라내는 작업을 먼저 마쳐야겠다.

이렇게 이야기하니 애인에게도 나눠줘야 마땅하겠지만 그래도 오늘의 오코노미야키는 나 혼자 부쳐 먹어야겠다. 나 좋아하는 것만 잔뜩 넣어서 말이다. 받기만 하는 것도 있어야 하지 않겠어? 나는 새우, 베이컨, 오징어 조금을 넣기로 했다. 너무 뻔한 토핑이라고? 다음에는 조금 더 상상력을 발휘한 토핑을 해보도록 하지. 하지만 이상한 실험은 사절이야. 좋아하는 것만 먹기도 힘들다니까. 나에게는 한식 요리는 선수인데 양식에는 '어쩜 저럴 수 있을까'라는 말이 나올 정도로 젬병인 이상한 친구가 있다. 내가 어떤 레시피를 가르쳐 놔도 자기 나름대로 소화해 듣도 보도 못한 음식들을 만들곤 한다. 그런데 그게 눈과 귀에만 낯선 음식이면 좋으련만, 입에도 넣기 힘든 음식인 게 문제다. 지난번엔 똠얌꿍을 가르쳐 놓

았더니, 기껏 한다는 소리가 육개장이랑 비슷한 색깔인데, 고사리를 넣으면 안 될까? 였다. 제발 시키는 대로만 하라니까, 이 아이의 창의력은 멈출 줄을 모른다. 어디 가서 내가 가르쳐 줬다는 말만 하지 말라고 단단히 당부했다. 물론, 요리수업도 관뒀고.

하지만 얘도 이 오코노미야키는 망칠 수 없을 거라 믿는다. 우리의 친절한 오코노미야키 씨니까. 그런데 말이야 알고 보면 이 오코노미야키 씨, 친절한 게 아니라 멍청한 걸지도 모르겠다, 너무 받아주셔.

하긴, 남자는 좀 멍청해야 해, 어떤 면에서는 말이야. 이래저래 괜찮은 애인이네, 오코노미야키 씨.

애인보다 나은 오코노미야키 씨

좋아하는 것들로만 가득 둘러싸여 살고 싶다. 하지만 그러려면 필요한 게 너무 많아지고, 결국 좋아하는 것들과만 살려면 안 좋아하는 일만 잔뜩 해야 한다. 가끔 좋아하던 것들이 안 좋아지는 경우에는 일이 더 복잡해진다. 쳇. 좋아하는 음식만 먹기에도 인생은 짧고 하루 세 끼는 모자란다. 하물며 음식도 그런데 좋아하는 사람만 만나기에도 인생은 대책 없이 짧으니 그것 때문에 아등바등 눈물 흘리며 머리를 싸잡느니 나는 그냥 좋아하는 것만 넣으라 하시는 친절한 오코노미야키나 부쳐 먹겠다.

01 양배추1/8통, 새우 조금, 오징어 몸통 반 정도를 작게 자른다. 작게 자르는 게 좋더라, 나는.

02 계란 하나에 밀가루 세 큰술 정도를 넣고 토핑들과 섞는다. 섞으면서 물을 넣고 점성을 조절하면 되는데, 나는 만들어 놨던 가쓰오부시 육수를 넣었다. 오코노미야키의 많은 레시피들이 가쓰오부시 우린 물에 밀가루를 반죽하라고 한다. 살살 끓는 물에 가쓰오부시를 넣고 10분 정도 우려내면 간단버전의 가쓰오부시 육수가 된다. 가쓰오부시가 없다면 다시마 육수라도 괜찮다. 밀가루와 물, 계란은 토핑과 섞었을 때 토핑을 충분히 밀가루 반죽으로 코팅할 정도면 된다. 부침개처럼 밀가루 반죽이 따로 흥건할 필요가 없다. 그래도 다 잘 붙는다. 밀가루 부침 맛으로 먹는 게 아니니까, 반죽을 절대로 과하게 넣지 말 것.

오코노미야키

+ **양배추 1/8통**
+ **밀가루 3숟가락 가득**
+ **달걀 1개**
+ **가쓰오부시 육수 조금**
  (농도를 봐 가면서 약간씩 부어준다.
  간신히 토핑들이 코팅될 정도만 되면 된다)
+ **간장 1티스푼**
+ **중간 크기 새우 원하는 만큼**
  (통으로 넣는 것보다 약간 잘라주는 게 좋다)
+ **베이컨 2~3장(새우와 같은 크기로 잘라서)**
+ **오징어 반 마리(새우와 같은 크기로)**
+ **옥수수나 완두콩 조금**
+ **마요네즈, 오코노미야키 위에 충분히 뿌릴 정도**
+ **오코노미야키 소스, 오코노미야키 위에**
  발라줄 정도
+ **가쓰오부시 한 줌**

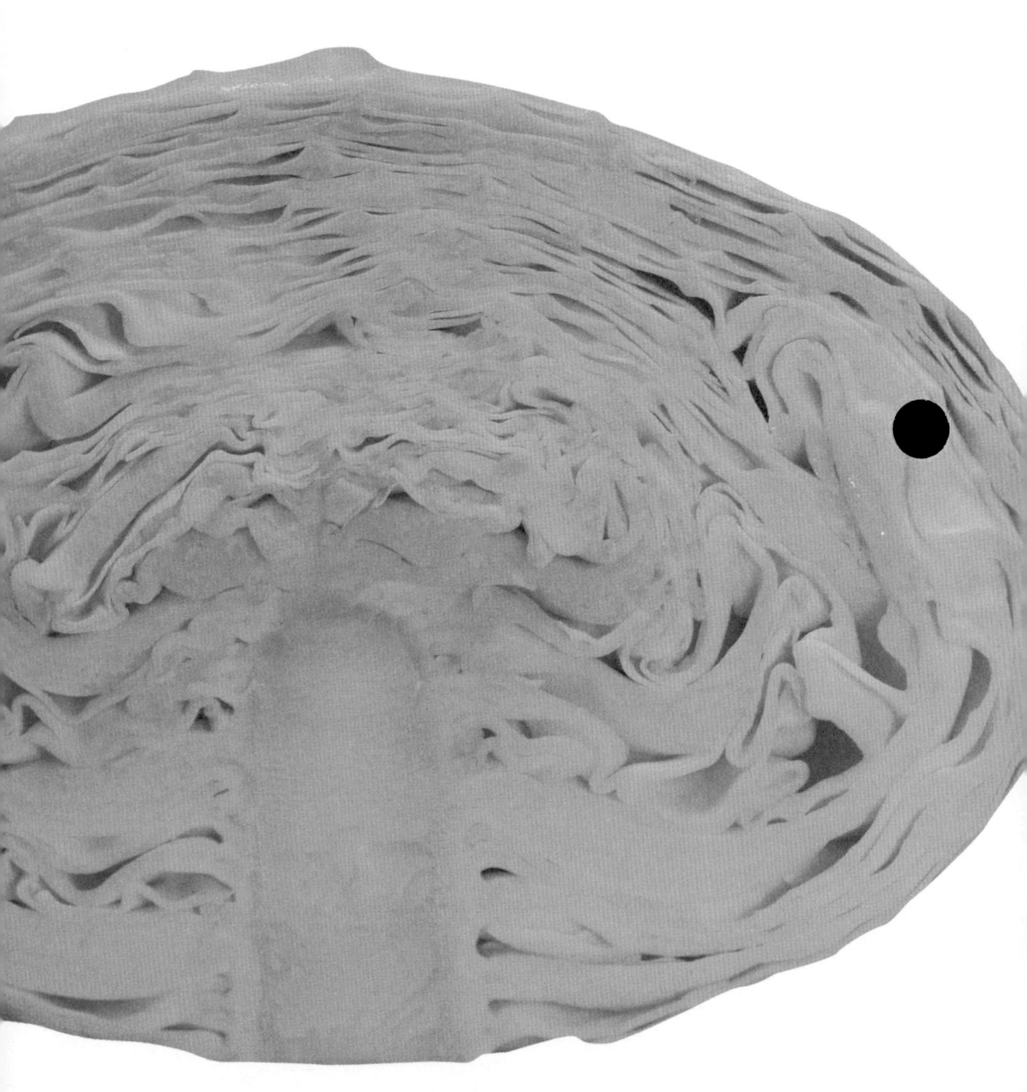

03 이렇게 해서 젓가락으로 모든 걸 잘 섞은 다음 기름을 살짝 두른 팬에 두툼하게 올린다. 약한 불에 천천히 굽는다. 오코노미야키는 두툼한 게 맛이다.

04 이렇게 양면을 잘 굽고 나면 마요네즈와 오코노미야키 소스를 뿌린다. 돈가스 소스도 괜찮다지만, 한 통에 3000원 정도밖에 안 하는 오코노미야키 소스를 못 살 이유가 있겠는가. 마요네즈를 뿌릴 때에는 비닐봉지에 짜 넣고 끝을 아주 작게 잘라 구멍을 낸 후 짜내면 음식점에서 뿌려주듯 가늘게 뿌릴 수 있다.

05 그 위에 가쓰오부시를 잔뜩 올리고 잠시 춤추는 애들을 구경하다가 접시에 옮겨 담고는 맥주와 함께 '마셔'준다. 일본 음식은 일본 맥주와. 기분도 더 난다.

마음고생 다이어트

실연과 시련을 잊게 해주는, 초콜릿 케이크

04 chocolate cake

세상에서 제일 효과 좋은 다이어트는 실연이다.

"확실한 다이어트를 원하십니까? 큰돈을 들이지 않고 집에서 간단하게 원하는 몸매를 만들 수 있습니다! 지금 바로, '실연'을 당하십시오, 그 효과는 100% 보장!"

이렇게 광고하는 실연 다이어트 센터가 어딘가에 있을 만도 하다고 생각할 정도로 배신과 상실로 인한 마음고생은 그동안 며칠을 생으로 굶어도 굳건히 내 둘레를 지키던 살들이 그 남자와 함께 나를 배신하고 훌쩍 떠나가게 해준다.

제정신도 아닌 상태로 어두컴컴한 방 안에서 셰익스피어 4대 비극의 여주인공보다 더한 모양으로 더 이상 즐길 수 없을 때까지 슬픔을 즐기다가(나는 다들 약간씩 즐긴다고 생각한다. 누구에게나 어느 정도의 드라마퀸 기질은 있지 않던가) 어느 날 정신이 살짝 돌아와 시든 시금치 이파리 같은 추리닝을 벗고 청바지에 다리를 넣었는데 "앗!" 참기름이라도 바른 양 다리와 엉덩이가 쑥쑥 들어가는 걸 알아채고는 나도 모르게 슬쩍 웃어버린 기억, 있지 않은지 생각해 보길 바란다. 그렇다면 당신도 실연 다이어트의 수혜자.

그렇게 해서 어느 순간 달라진 얼굴선과 엉덩이를 알아채고 나면, 갑자기 실연의 어두움은 80%쯤 사라지고 무언지 모를 자신감이 조금 붙는 기분이다. 다음 단계는 청바지에 하얀 티셔츠만 입고는 W라인이며 V라

인이며 애플라인이며 온갖 알파벳이 난무하는 쪽 빠진 턱 선을 높이 들고, 복숭아 모양이 된 엉덩이를 흔들면서 문 밖으로 나갈 차례다. 그동안 내가 못 오를 나무였다고 생각했던 그 어떤 잘난 것들도 내 야리야리한 턱 선에 그냥 넘어갈 거라고 생각하는 거지. 나쁠 거 없잖아, 다 생각하기 나름이다. 여긴 어디?, 나는 누구?, 내가 실연을 언제?

그런데 다른 사람도 아닌 내가 이 실연 다이어트를 들먹인다는 게 조금 민망하긴 하다. 나는 이 다이어트의 수혜를 입어본 적이 한 번도 없기 때문이다. 실연으로 울며불며 어두운 방 안에 이불을 뒤집어쓰고 있어도 때가 되면 기어나와 침까지 흘려가며 끼니를 찾아먹는 게 바로 나다. 그리고 이상하게도 연애가 끝날 때가 되어가면 나의 관계의 무게는 항상 가벼워져 있었다. 아무리 진지했던 연애도 끝날 때가 오면 풍선처럼 손만 놓으면 날아가 사라져 버릴 준비가 되어 있던 것이다. 내가 할 일은 그저 그 풍선의 실을 잡고 있던 둘째 손가락을 슬쩍 들어 올려 주는 것뿐이었으니, 이걸 행운이라 해야 할까, 재주라 해야 할까. 어쩌면 그냥 사람이 매몰차고 싸가지가 없는 걸지도 모르고 말이지.

오히려, 나는 연애를 시작할 때 살이 빠지는 타입이 아닐까라는 생각을 지금의 애인을 처음 만났을 때 했다. 그때 나는 일주일 만에 5kg이 빠졌었다. 너무 들뜨고 신이 나서 매일 아침 6시에 일어나기까지 했었다지. 기쁜 일에는 예민하지만 슬픈 일에는 예민하지 않은 걸지도 모르고, 외면하는 능력이 특출한 건지도 모르겠다. 아님 그저 아까 말했듯 끝자락에 접어든 연애 따위는 가볍게 놓아버리는 재주가 있는 건지도

모르고 혹은 실연 다이어트를 겪을 필요가 없을 만큼 나의 그간의 연애들은 별거 아니었던 것일지도 모른다. 그게 3년짜리든 한 달짜리든 간에 말이지.

그래서 말인데, 만약 당신도 나처럼 실연 다이어트에 해당되지 않는 타입이거나 갑자기 먹히지 않는 날이 온다면, 그리고 이게 너무 억울해 못 견딜 지경이라면 조금 고개를 돌려 이렇게 생각해 보는 건 어떨까. 당신은 그를 생각보다 별로 안 사랑했던 것이라고. 살이 1kg은커녕 100g도 안 빠질 정도로 사랑하지 않았던 거였다. 오, 유레카. 깨달은 후의 새 세상이여! 그러면 살은 안 빠졌어도 그동안 잘 먹고 잘 쉬어서 때깔 좋아진 피부로 또 문 밖으로 달려 나가면 되겠다. 내 살을 빼게 해줄 괜찮은 놈을 찾아보러. 만나기 전부터 헤어질 생각이라니 그건 좀 웃기지만.

하지만 절대 잊으면 안 되는 이 실연 다이어트의 부작용이 있으니 나이가 들어서는 이 마음고생 다이어트를 꿈꾸지 말아야 한다는 것. 정돈된 얼굴 라인과 엉덩이 대신 지방과 생기가 빠져나가 초췌하게 늙은 얼굴만 남고 말기 때문이다. 나이 들어 마음고생은 노화의 적. 그러니 우리 모두 나이 들기 전에 일찍일찍 자신만의 실연/시련 극복 방법을 터득해 놓는 것을 권하는 바이다.

실연과 시련을 잊게 해주는, 초콜릿 케이크

할리우드 영화에서 남자에게 한 방 맞은 여자들은 하나같이 울상을 하고는 소파에 올라앉아 커다란 하프갤런 '벤앤제리'를 큼직한 샐러드 서빙 스푼으로 퍼 먹는다. 그 장면의 우리나라 버전은 밥통째 비벼 먹는 비빔밥. 비빔밥이 나올지 초콜릿 케이크가 나올지는 당신 입맛에 달려 있지만 뭐랄까 비빔밥은 너무 화가 나 보이고, 초콜릿 케이크는 그나마 조금 애교스럽게 안돼 보인다는 것? 게다가 우리 집 가난한 냉장고에는 말라비틀어진 콩나물뿐, 온갖 비빔밥용 나물이 준비되어 있을 리가 만무하니, 초콜릿 케이크를 굽는 쪽이 낫겠다.

마음고생 다이어트로 살도 쪽 빠질 예정이겠다, 이런 때 아니면 맘 놓고 초콜릿 케이크 한 판 먹을 기회는 다신 없을 테니 놓치지 말자. 이 케이크의 양은 막 실연 다이어트로 접어들 참이라면 오직 당신만을 위해, 실연 다이어트가 끝나갈 참이라면 2~3명이 나눠 먹기 좋은 한 판이다. (조금 작은 듯한 6인치 케이크 틀에 맞는 양이다.)

밀가루 없이 달걀과 초콜릿, 버터만으로 굽는 이 케이크는 처음에는 낯설지만 한두 번만 구워보면 어느새 10~20분 만에 오븐에 넣기까지 마칠 수 있게 될 정도로 쉽다. 아래의 레시피를 읽다 보면 한숨이 절로 나올 테지만 재료와 대강의 흐름만 파악한 다음 한 단계씩 클리어 해나가듯 하면 금세 만들어지니 겁먹지 말자.

초콜릿 케이크

- **무염버터 50g**
- **설탕 50g**
- **달걀 1개**
- **달걀노른자만 3개**
- **달걀흰자만 3개**
  총 달걀 4개를 준비해 3개는 흰자, 노른자를 분리하면 되는 셈
- **케이크 위에 장식할 휘핑크림(생크림)**
- **휘핑할 때 넣을 설탕 1스푼**
- **초콜릿을 칼이나 스푼으로 긁은 가루 약간 (혹은 코코아가루)**

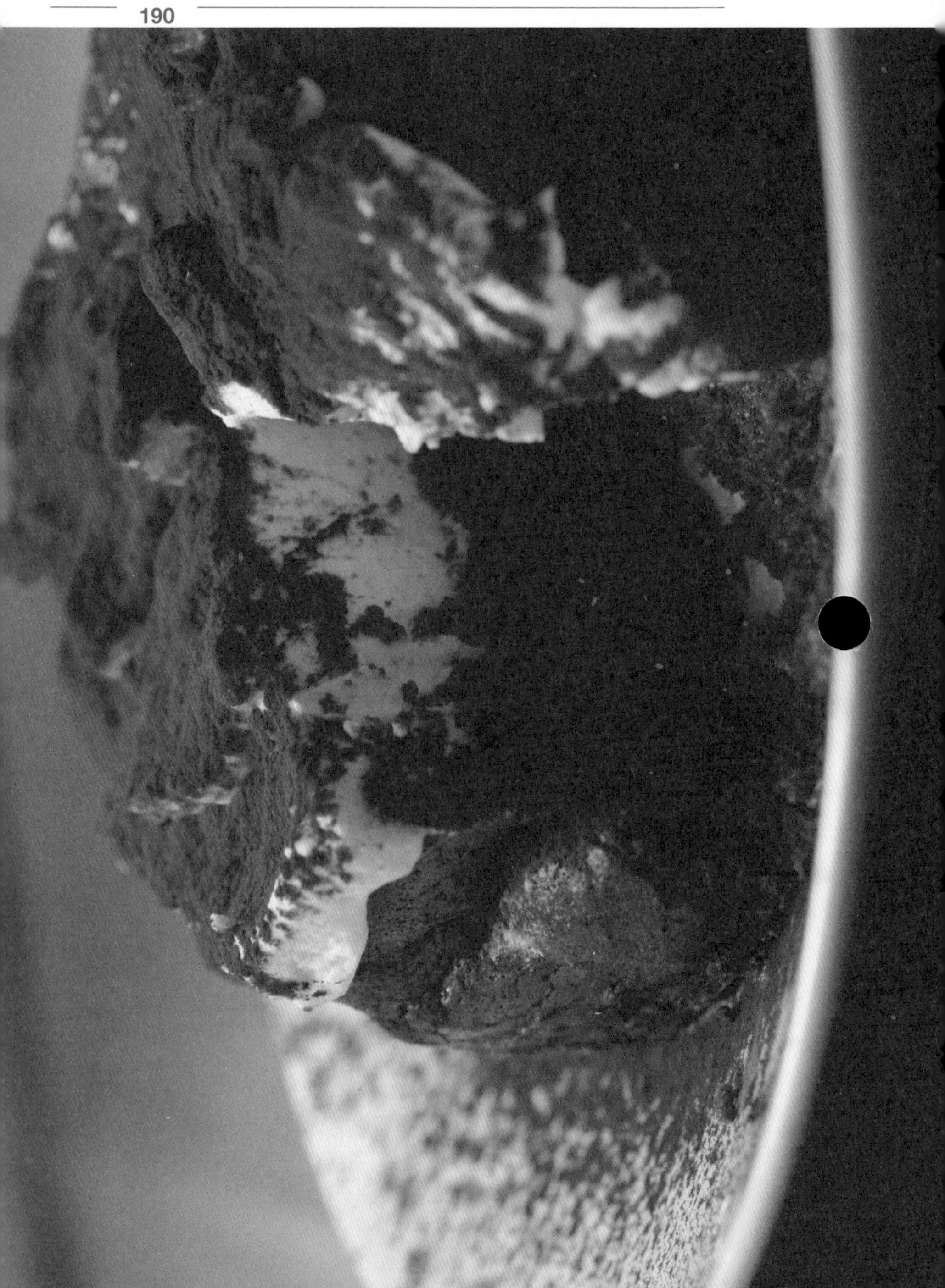

다크초콜릿 170g(내 경우에는 58% 정도라면 설탕을 더 줄이고, 70%라면 설탕을 그대로 넣는다. 하지만, 이대로라면 매우 달지 않은, 오히려 씁쓸한 쪽이 더 강한 케이크가 되니까 입맛에 따라 반죽을 약간 찍어 먹으면서 조금씩 설탕량을 조절해 볼 것)

01 냄비에 물을 데워서 스테인리스 볼 등을 얹어 중탕으로 버터와 초콜릿을 녹인다. 중불 정도로 유지해 주면서 녹인다.

02 달걀 1개+노른자 3개와 준비한 설탕의 반을 섞는다. 소금도 조금 넣어 간해준다. 어디에나 소금이 들어가야 한다. 소금의 짠맛이 설탕의 단맛을 한 번 더 끌어올려 준다.

03 다 녹은 버터+초콜릿을 살짝 식힌다.

04 그 사이 흰자 3개를 거품 내어 머랭 상태로 만든다. 냉장고에서 갓 꺼낸 달걀보다 미리 꺼내서 실내온도와 비슷하게 된 정도가 좋다. 머랭을 만들 도구(볼이랑 휘핑기)에 절대 기름기가 남아 있으면 안 된다. 기름기가 있으면 아무리 노력해도 거품이 안 나게 되거든. 처음부터 세게 휘핑기를 돌리지 말고 처음에는 저속에서 점점 빠르게 속도를 조절해 주는 게 요령. 소금으로 간도 해주자. 소금을 넣으면 흰자가 더 쉽게 섞인다. 너무 단단하게 칠 필요 없다. 휘핑기를 들어봐서 뿔이 어느 정도 생기면 된다. (그렇다고 빳빳이 고개를 들고 서 있는 건 아니고 끝은 스르륵 내려앉는 정도.) 머랭을 치는 중간쯤 남은 설탕을 넣는 것도 잊지 말자. 이때 머랭에 윤기가 흐르는데 이게 참 기분 좋다. 설탕 대신 슈거파우더가 있으면 만점이다. 설탕보다 쉽게 머랭이 올라온다. 생크림을 휘핑할 때도 슈거파우더를 넣는 게 더 잘 올라온다는 사실.

05 잘 식힌 3번 초콜릿+버터를 2번 노른자+설탕에 섞는다. 노른자에 뜨거운 걸 넣으면 익기 때문에 식혀준 것이다. 이때 그랑마니에르나 쿠앵트로 같은 향 좋은 리큐어를 넣어주면 굿. 상큼한 향이 난다. 없어도 그만.

06 이제부터 약간의 기술이 필요한 때. 흰자로 만든 머랭 1스푼을 5번에 넣고 살살 섞어서 색이 약간 흐려지는 것을 확인한다. 5번과 머랭을 섞어줄 건데 이렇게 어느 정도 조금이라도 둘이 비슷한 성질을 갖게 해주면 더 쉽게 섞이기 때문.

07 초콜릿 볼에 나머지 머랭을 부어준다. 머랭이 부서지지 않게 스파출라로 접듯이 4번 흰자 머랭과 5번 노른자 초콜릿믹스를 섞는다. 온몸에 힘을 빼고 조심스러우면서도 아주 단호하게 섞어줘야 한다. 스파출라를 10번 정도 대는 걸로 끝내주는 게 제일 이상적. 사정 안 봐주고 힘차게 섞으면 기껏 만들어 놓은 머랭의 공기가 다 빠지

면서 케이크를 구우면 돌덩이처럼 무거워진다. 주저하다 보면 쓸데없이 손을 많이 대게 되고 그러면 머랭이 꺼져버린다. 스파출라를 반죽 깊숙이 그릇 가장자리를 따라 넣은 다음 빨래 접듯 접으면서 휘휘휘휘 돌려주는 게 기술이다. 생크림이나 머랭 치듯이 그렇게 막 돌려주는 것은 절대 금물이다. 반죽을 자른다고 생각하면서 섞는데, 초밥의 고수들이 밥에 촛물을 섞을 때 주걱을 세워 잘라주는 걸 상상하면 좋겠다. 너무 완벽하게 섞지 않아도 된다. 군데군데 하얀 점이 남았어도 패스한다. 잊지 말자, 단호하게!

08 무사히 7번을 통과했다면 축하한다. 케이크 틀바닥이 분리되는 것이 편하다. 6인치 틀이 딱 알맞다. 약간 작은 듯한 귀여운 사이즈의 케이크가 될 예정. 유산지를 잘 깔은 케이크 틀에 붙어버리지 않도록 버터를 바르고 슈거파우더를 살짝 입힌다. (1스푼 정도 넣고 좌우로 흔들면 버터 위에 얇게 달라붙는다.) 반죽을 살살 부어준 후 180도로 예열한 오븐에 넣고 바로 150도로 온도를 낮춰준 후 40분 정도 굽는다. 이제 싱크대 가득 쌓인 볼들을 설거지할 시간. 이래야 나중에 오롯이 케이크와 나 단둘이 행복하게 즐길 수 있다.

09 케이크가 산처럼 부풀어 오르는 게 정상이다. 웬만하면 40분 동안 오븐 문은 열지 않는 편이 좋다. 40분이 지나면 이쑤시개나 나무젓가락으로 케이크 가운데를 찔러보자. 깨끗하게 나오면 다 구워진 것! 덜 구워졌다면 5~10분 정도 더 구워준다. 하지만 조금 덜 익은 것도 나름 맛있다.

10 랙에 올려놓고 잘 식힌다. 부풀어 올랐던 위가 지진이 난 땅바닥처럼 갈라지면서 꺼지는데 이게 정상이다.

11 완벽하게 식으면 케이크 틀을 꺼내서 휘핑한 생크림을 꺼진 부분에 올리면 드디어 완성이다. 덜 식은 상태로 휘핑크림을 얹으면 물이 되어 녹아버린다. 아 참, 생크림 휘핑할 때 입맛에 맞춰 적당히 슈거파우더나 설탕을 넣어줘야 한다. 생크림을 휘핑할 때는 볼 두 개가 있으면 더욱 수월하다. 아래 볼에는 얼음물을 약간 담아준다. 위에는 생크림을 붓고 휘핑한다. 차가운 기운 때문에 생크림이 더 잘 올라오고 오래간다.

12 초콜릿 플레이크나 코코아파우더를 솔솔 뿌리면 완성. 딸기나 블루베리 같은 과일을 잔뜩 얹어도 훌륭하다. 쌉싸래하면서 달지 않은 진한 초콜릿과 새콤한 베리 종류는 천상의 조합.

13 이제 포크와 케이크를 양손에 들고 나쁜 기억 따위는 끼어들 틈도 없이 케이크에 코를 박을 순서다!

05 꽃등심 화로구이

고든 램지와 꽃등심

집에서 먹는 꽃등심 참숯 화로구이

셰프들은 섹시하다.

어쩜 그리 섹시한지, 굳이 나를 요리해 줄 게 아니더라도 그저 바라보는 것만으로도 좋다. 물론, 셰프라고 다 멋진 건 아니다. 나는 나름 엄격한 기준을 가지고 있는 '셰프오덕'이니까.

KFC의 커넬 할아버지와 똑 닮은 미셸 리샤르도, 볼 빨갛고 혀 짧은 제이미 올리버도, 인정하기 힘든 패션 센스에 해병대 머리를 고수하는 게리 로즈도, 몇 가닥 없는 긴 백발을 휘날리는 피에르 가니에르도, 서너 번 접어 올린 소매의 하얀 요리사 유니폼 안에서 섹시하게 보인다. 섹시한 카리스마. 이태리 산적처럼 생긴 마리오 바탈리 **요리쇼 '아이언 셰프 (Iron Chef)'로 유명해진 이탈리안 요리사. 뉴욕과 LA, 라스베가스에 여러 개의 레스토랑을 가지고 있다** 도 빼놓으면 안 되지. 그 굵은 팔뚝에 사랑 섞인 헤드락을 당하고 싶다나 뭐라나. 하다못해 별 관심 없던 배우 아론 에크하트까지도 〈사랑의 레시피〉에서 마법의 하얀 셰프 유니폼을 입고 나오니 가슴이 두근두근하다.

후끈한 열기와 날선 칼이 휘둘러지는 전쟁터 같은 주방에서 땀을 흘리고 욕을 섞어가며 소리를 고래고래 지를 그들을 머릿속에 그리면 장동건이 정원이 대신 내 이름을 불러주고, 조니 뎁이 배의 꼭대기에서 나를 향해 밧줄을 잡고 날아와도 모두 뿌리치고 싶어진다. 주방은 그 어느 직업'전선'보다 위험하고 그 어느 스포츠경기장보다 치열해 보인다. 돌아보면 시뻘건 불이, 돌아보면 펄펄 용암같이 끓는 소스가, 손만 뻗치면 뼈도 갈라낼 듯한 시퍼런 칼이, 그리고 무엇보다 에스트로겐은 자취를 감추게 만들고 테스토스테론을 뻘뻘 분출하게 만드는 그 분위기. 그래서 나는 늘 그런 키친이 궁금했고, 셰프들의 거친 모습에 홀렸다.

그중에도 단연 최고가 있으니 아무도 동의하지 않겠지만 바로 고든 램지다. 정말로 내가 이 글을 쓰면서 여럿에게 물어봤으나 그들의 대답은 모두 "너 매저키스트?"였다. 고든 램지가 누군지 알고 있다면 당신도 나를 매저키스트라 생각하고 있겠지? 영국의 미슐랭 스리스타 셰프인 그야말로 섹시한 셰프의 최고봉이란 말이다. 잘나가는 축구선수였던 이력을 제치더라도, f워드를 달고 사는 거침없는 언행에(fuck을 5초에 한 번씩 내뱉어도 전혀 상스러워 보이지 않는 사람은 그밖에 없다) 버크셔 돼지 같은 얼굴의 주름, 칼을 스윽 빼내는 그만의 동작, 수많은 레스토랑들을 거느린 그의 성공까지. 대체 누가 그를 이기리오. 사과 같은 볼에 혀 짧은 소리를 해대는 금발머리의 큐피드(라고 하기엔 이제 나이가 너무 많지만) 제이미 올리버는 그와 비교하면 풋내 풀풀 나는 어린이에 불과하다. 아니, 아직 태어나지도 않은 수정란쯤이랄까. 제이미 올리버와는 자고 싶지 않지만 고든 램지와의 하룻밤은 생각만으로도 와우. 사실 하룻밤도 필요 없다. 고든 램지를 그리며 꿈꾸는 나의 판타지는 그가 나를 그 투박한 두 번째 손가락으로 가리키면서 "get the f*** out of my kitchen!"이라고 소리 질러 주는 것뿐이니까. 아, 정말 나 매저키스트 맞네.

꼭 고든 램지가 아니어도 좋다. 나는 그만큼의 명성은 없지만 그와 비길 수 있을 만큼 성깔 있는 셰프를 만난 적이 있었다. 그와 같이 일했던 스태프들은 다 그를 욕쟁이라고 불렀다. 그래서 언젠가부터 그를 보면 그런 부분만은 램지와 겹쳐지기 시작했었지.

요리사는 집에서 요리를 안 하고, 개그맨은 사실 다 진지하다는 건 너무

틀에 박힌 말이지만, 나 역시 단 한 번도 그가 집에서 해주는 음식을 먹어 본 적이 없었다. 나도 해주고 싶지 않은 건 말 안 해도 당연하고. 그러던 어느 날 그가 와인 2병을 마시고는 우리 집에 오겠다며 생떼를 썼다. 아, 이를 어쩌나. 뭘 해줘야 하나. 직업이 요리사인데 내가 뭘 해줘야 칭찬을 받으려나. 뭘 해줘도 천상의 맛이라고 할 만큼 만난 지 얼마 안 된 달콤한 사이였지만 그래도 고민은 고민.

문득 오래전 귀엽다며 사놓은 화로가 생각났다. 딱 2명만 구워 먹을 수 있을 만큼 조그만 일본식 화로. 당장에 엄마에게 전화를 해서 참숯을 한 봉지 얻어 왔다. 참숯은 불이 오지게도 안 붙더라. 철물점에서 가스 토치를 사와서는 한 시간 동안 얼굴이 벌게지도록 후후 불어대고, 호기심 많은 둘째 고양이 수염을 몇 가닥 태워먹은 후에야 참숯은 빨갛게 되었다. 나는 그에게 질 좋은 꽃등심을 구워줄 참이다.

셰프뿐이 아니라 조금이라도 음식을 좋아하는 사람은 알고 있다. 좋은 재료가 얼마나 중요한지. 그리고 재료의 맛을 살리는 데는 가장 심플한 요리법이 최고라는 걸. 생선요리의 최고는 사시미이고, 고기요리의 최고는 육회, 카르파치오, 혹은 미디엄 레어로 구운 고기라고 누가 뭐래도 나는 생각한다. 그래서 그에게는 좋은 고기와 좋은 소금과 갓 갈아낸 통후추를 살짝 뿌려 참숯에 휘리릭 구운, 생각만 해도 아름다운 꽃등심을 선보이기로 한 거다. 그리고 이 저녁메뉴의 포인트는 꽃등심도 꽃등심이지만, 이 화로를 골라낸 나의 센스인 거지.

넷도 셋도 아닌 딱 둘만을 위한 화로. 손바닥보다 작은 이건 단둘이 머리를 맞대고 조곤조곤 끊이지 않는 대화를 하지 않는 이상 천덕꾸러기가 되고 말 그런 화로이다. 사실 처음부터 뭘 구워먹으라고 나온 애도 아닌 걸. 하지만 오히려 너무 작아 한두 점을 구워 먹고는 또 조금 기다렸다가 다시 굽고, 구운 고기를 입 안에 넣고 길게 맛을 보고, 기다리는 사이사이 얼굴을 마주 보아야 하는 시간을 만들어 주는 마법의 화로이다. 그러니까, 나와 그가 맛볼 건 고기 맛이 아니라 이 화로 맛인 셈이다. 고든 램지도 F**king cute, F**king lovely 하다며 두 엄지손가락을 들어줄 거다. 누가 노르웨이에서 갓 잡은 연어를 구해와 통째로 구워 내놓아도 바꾸고 싶지 않은 그런 저녁이다.

따뜻한 마루에서 고양이들을 끼고 즐기는 단둘만의 작은 테이블. 이걸 어디에 비할까? 한겨울 낡은 담요를 함께 나눠 덮고는 간질간질 발장난을 하며 까먹는 귤처럼 키득키득 좋기 그지없다.

집에서 먹는 꽃등심 참숯 화로구이

일본식 1인용 화로는 남대문이나 황학동 주방기구 시장 등 어디서나 쉽게 구할 수 있는 데다가 생각보다 정말 저렴하다. 가격은 약간 더 비싸겠지만 인터넷의 일본식품 쇼핑몰 등에서도 구할 수 있다.

참숯에 불을 붙이기가 쉽지는 않다. 동네 철물점에서 가스 토치 필수 구입. 참숯 불붙이기에 성공했다면 이제 고기는 먹은 거나 다름없다.

꽃등심은 먹기 직전 좋은 소금과 후추를 살짝 뿌려 바로 굽는다. 미리 뿌려놓으면 수분이 빠져 고기가 질겨지고 맛이 없어진다. 고기에 양념이라고는 소금뿐이니 소금을 좋은 걸 쓰면 확실히 맛이 다르다. 소금 하나로 맛이 천지차이로 달라진다는 걸 기억할 것. 마른 프라이팬에 좋은 품질의 천일염을 살짝 볶아주는 것도 요령이다.
양파와 부추 등으로 달달한 간장소스를 만들어도 괜찮다. 간장, 물, 사이다, 설탕(올리고당이나 꿀), 레몬즙을 살살 맛 봐가며 섞어준다. 한꺼번에 잔뜩 붓지 말고 조금씩 넣어가며 찍어먹어 봐야 자기 입맛에 맞출 수 있다. 물을 적당히 넣어 짜지 않게 만드는 게 팁이라면 팁. 거기에 얇게 썬 양파와 영양부추를 썰어 넣으면 완성이다.

꽃등심과 함께 각종 버섯이나 파프리카 혹은 패주나 새우 등을 구워 먹어도 푸짐한 식탁! 여기에 차갑게 식힌 준마이다이긴조급 사케라도 한 병 곁들인다면, 그 유명한 일본식 구이집의 비싼 꽃등심 한 상 따위 절대 부럽지 않겠다.

핑거 리킹 카르보나라

파스타계의 디저트, 카르보나라

06 finger lickin' carbonara

나는 동물 같은 남자가 좋다. 근육도 좀 있고, 근육 위로 핏줄도 불끈 서 있는 데다가 그 위에 부드럽고 곧게 자란 긴 털이 뒤덮고 있으면 400수 이집트산 코튼 따위는 집어던지고 그 털들이 내 이불이려니 하며 덮고 자고 싶은 게 내 취향이다. 지금 비웃고 있다면 그건 당신이 아직 나이가 덜 들어서 그런 거라 되레 내가 웃어 주겠다. 곧 몇 년 안에 당신도 근육과 핏줄과 털이 주는 안락함과 믿음직스러움에 홀딱 반하고 말 거니까.

그중에도 난 유난히 손에 까다롭다. 굵고 긴 손가락에 피와 힘이 흐를 듯한 핏줄이 도톰하게 솟아 있고, 손마디와 손등에는 부드럽고 긴 털이 예쁘게 가지런히 덮여 있어야 한다. 손톱은 하얀 부분이 하나도 없을 정도로 바싹 깎아야 하며, 코 파려고 남겨둔 것 같은 새끼손톱 따위는 절대로 용납되지 않는다. 여기서 잠깐, 난 이 손톱 문제에 대해 대부분의 여자가 동의할 거라고 생각하는데 손톱 기르는 남자, 정말 멀리하고 싶지 않은가? 이것은 다만 청결관리에만 국한된 문제가 아니다. 꼴 보기 싫게 기른 남자의 손톱은 정말 많은 것을 이야기해 주기 때문. 게다가, 놀랍게도 애인 없는 처량한 남자들의 손톱은 대부분 길다. 당신이 남자라면 빨리 손을 한번 살펴보길 바란다. 혹 긴 손톱을 절대 포기하지 못하겠다면, 기타를 배우시라. 그럼 한번 재고해 보겠다.

다시 최고의 손으로 돌아와서, 아까에 이어 또 한 번 나의 취향을 비웃는다 해도 뭐, 난 결코 부끄럽지 않다. 그 동물스러운 손이 내 팔을 꽉 움켜쥔다고 생각하면 옛날 오페라를 보다 감동한 유럽의 귀부인들처럼 부채를 팔랑거리다가 한 손을 머리에 얹고 실신해 버리고 싶은 걸 어쩌나. 사실은 그분들은 오페라의 감동이 아니라 당시 대유행이었던, 피가

돌지 않을 만큼 꼭 죄는 코르셋 때문이었다고 하지만.

그러나 '모든 일에는 예외가 있는 법'이라고 이야기를 시작해야 할까. '손이 여리면 그건 남자도 아니야'라고 하던 내가 그런 손에 홀리고야 말았으니 그건 어느 날 광고에서 클로즈업된 조인성의 길고 가는 하얀 손이었다. 아리따운 여자가 말이라도 시키면 그 끝부터 바르르 떨릴 것 같은 사춘기 볼 빨간 소년의 손 같았다. 나의 손 페티시계에 롤리타 신드롬이 불어닥친 거랄까.
하지만 그 가늘고 긴 손으로 당신의 건강한 팔을 움켜쥐었다가는 당신의 팔이 코끼리 팔뚝처럼 보일 거라고? 내가 그것도 모를까봐? 내가 그 손과 하고 싶은 건 따로 있다.

그를 집으로 초대하고 카르보나라를 만들어야겠다. 그에게 안겨줄 이 카르보나라는 그냥 생크림을 부어 버리는 싸구려 크림파스타가 아니라 달걀노른자와 질 좋은 크림, 갓 갈아낸 파르미자노 치즈를 가득 섞어 만드는 맛이 풍부하고 부드러우면서 아주 진한 진짜 카르보나라다. 이 풍부한 맛의 소스가 가득 묻게 면은 넓적한 페투치니나 탈리아텔레가 좋겠다. 마무리는 거칠게 갈아낸 통후추로 하고.
이것뿐이다. 달걀노른자의 연노란빛이 도는 진하디진한 소스와 새까만 통후추 그리고 탈리아텔레. 이걸 잔잔하고 은은한 컬러의 두꺼운 빈티지 접시에 가득 담으면 디저트 접시 위에 올라앉은 아이스크림만큼이나 예쁘다. 그리고 이제 영화에서 다들 하는 휘핑크림 장난보다도 더 즐거운 시간을 이 카르보나라와 가질 참이다.

이 파스타는 만드는 데 단 20분도 안 걸린다. 순식간에 카르보나라 한 접시를 만들어서는 식탁의자에 앉으려는 그를 끌어 길고 푹신한 소파에 기대 눕는다. 포크는 필요 없다. 준비물이라면 차가운 화이트와인과 와인글래스, 그리고 카르보나라면 끝이다. 어미새에게 먹이를 달라는 새끼처럼 꺅꺅 입을 벌리고 그가 길고 가는 그 손가락으로 집어줄 카르보나라 한 가닥을 기다리면 되겠다. 손으로 집어먹는 음식은 늘 더 맛있고 도구 없이 먹는 음식은 더 관능적이다. 여기에 사춘기 소년 같은 그의 손가락은 더할 나위 없이 안성맞춤이고, 카르보나라는 이걸 위한 완벽한 메뉴이다.

이미 크림소스만으로도 아주 리치하고 부드러워서 먹고 있으면 기분 좋게 아득해질 정도인데, 거기에 보너스로 탈리아텔레 한 가닥을 들고 있는 그의 두 손가락까지 맛볼 수 있으니, 그 어느 식사가 부러울까? 그러다가 이 모든 게 너무 느끼하다 싶을 때는 동그랗게 오므린 입술 주변으로 하얀 크림소스를 잔뜩 묻힌 다음 곱슬머리에 동그란 강아지 눈을 한 다섯 살짜리 여자아이처럼 까르르 웃어줄까. 콱 끌어안아 주고 싶을 정도로 귀엽게. 뭐든 지나치면 괴로운 법이니까 이렇게 가끔은 쉬어 가야지.

조인성의 손가락만큼이나 길고 가녀린 A급 손을 가진 애인을 소유하고 있다면, 오늘 저녁 당장 만들어 보기를 권한다. 차게 식힌 화이트와인 한 병과 함께 소파에 늘어져 코와 입과 볼에, 그리고 손가락 가득 크림을 묻히고 그의 손가락에 혀를 감아 보아라. 생크림케이크보다, 크림

얹은 딸기보다, 샴페인에 생굴보다 더 섹시한 저녁이 되고도 남겠다. 그리고 내일 저녁에는 핏줄이 불끈불끈하는 야성의 손을 가진 남자를 불러 내 팔을 움켜쥐어 달라고 한다면 이제 당신은 더 이상 바랄 게 없겠다. 모든 걸 이루었도다.

파스타계의 디저트, 카르보나라

카르보나라는 놀랄 만큼 리치한 소스맛이다. 고소하고 리치한 맛에 정신이 흐릿해져야 한다. 생크림 흥건한 국물에 면을 휙 말아주는 건 카르보나라가 아니다. 달걀노른자, 파마산 치즈, 생크림, 스모키한 베이컨 혹은 판체타, 그리고 블랙페퍼가 재료의 전부다. 대신 노른자는 아주 노랗고 탱탱하게 신선해야 하고, 생크림도 어제 소에게 서 짠 건 아니지만 갓 사온 신선한 놈이어야 한다. 통후추를 바로 갈아 넣어야 그 찌르르한 향이 살아 그 맛이 한 단계쯤 더 올라서고, 파마산 치즈도 가능하다면 요리하기 직전에 갈아 쓰는 게 좋다. 늘 그렇듯 심플하고 미니멀한 쪽이 맛이든 아름다움이든 살리기 더 어려운 법이다.

카르보나라

- **+ 탈리아텔레(넙적한 모양의 파스타)**
- **+ 파스타를 삶을 소금물**
- **+ 생크림**
- **+ 달걀노른자**
- **+ 통후추**
- **+ 파르미자노 레자노 금방 갈아서 한 줌**
- **+ 얇고 스모키한 베이컨**

01 끓는 물에 (늘 말하듯) 짠맛이 꽤 강하게 느껴질 만큼 소금을 넣고 팔팔 끓인 다음 면을 삶기 시작한다. 탈리아텔레의 경우 대강 6분 정도라고 패키지에 써 있으니 물을 끓이고 면을 넣고서부터 소스를 준비하면 대강 시간이 맞는다.

02 여기서 잠깐, 파스타 삶기의 몇 가지 이야기. 파스타를 삶을 때 꼭 올리브오일을 넣어야 한다고 하는 사람들이 많은데 대체 그건 어디서 나온 이야기일까? 면이 달라붙지 말라고 넣는다는데, 사실 잘 달라붙지도 않을뿐더러 나중에 소스에 넣고 한 번 섞어주기 때문에 참 쓸데없는 일일 뿐이다. 게다가 올리브오일로 코팅된 면은 정작 소스가

잘 붙지 않는다. 너무 당연하지 않은가. 한 가지 더 잔소리를 하자면, 파스타가 익었는지 아는 방법은 벽에 던져서 붙는지 보는 거라는데, 대체 아까운 파스타를 왜 벽에 던져대는지 모를 일이다. 재미로라면 모를까. 한 가닥 꺼내서 먹어보는 것만큼 좋은 방법은 없다. 가운데 아주 가느다란 샤프심 정도의 심이 남은 '알덴테' 상태를 나는 좋아하지만, 싫어하는 사람도 있으니 그건 개인 취향. 어쨌거나 집어먹어 보는 것만큼 확실한 방법은 없다는 걸 기억하자.

03 생크림과 달걀노른자 하나(달걀노른자와 무염 버터를 넣기도 한다. 하지만 난 도저히 그건 못하겠다), 파르미자노 간 것, 그리고 통후추를 듬뿍 갈아 넣는다. 잘 섞는다.

04 판체타나 아주 스모키한 베이컨을 준비한다. 뭐 힘들면 그냥 마켓에서 파는 베이컨도 어쩔 수는 없지만 얇게 슬라이스한 스모키한 베이컨이 좋다. (나는 이태원 '셰프마일리스'의 판체타를 쓴다.) 올리브오일을 아주 조금 두른 팬에 베이컨을 2~3줄 익힌다. 갈색으로 노릇노릇 바삭하게 익을 때쯤 면이 완성될 거다.

05 다 익은 면을 꺼내서 베이컨이 든 팬에 면을 넣어준다. 파스타 끓인 물은 한 국자쯤 남겨두자. 나중에 쓸 데가 있을지도 모른다. 스모키한 향이 가득 베인 베이컨 기름이 면에 쏙쏙 향까지 잘 배도록 뒤적뒤적해 주다가 불을 끈다.

06 만들어 두었던 카르보나라 소스를 파스타가 담긴 팬에 붓는다. 여기서 조심해야 할 것, 팬이 너무 뜨겁거나 불을 깜빡 잊고 켜놓거나 하면 영락없는 스크램블드에그가 되고 만다. 소스를 붓고 재빠르게 섞어준다. 소스가 면에 착착 달라붙는다. 흥건하지 않다. 하지만 너무 뻑뻑한 것 같다면 아까 남겨둔 파스타 삶은 물을 좀 섞어줘도 괜찮다.

07 접시에 옮겨 담은 다음, 원한다면 통후추와 파마산 치즈를 조금 더 뿌린다. 이제 애인한테 손이나 씻고 오라면 되겠다.

생굴 7kg 해치우기

잔칫집처럼, 굴파티

맏며느리인 엄마를 닮아서인지, 음식의 고장 전주가 고향이라 그런 건지는 몰라도 유난히 손이 큰 친구가 있다. 음식 쇼핑은 무조건 킬로그램 단위로 '구매'한다. 누가 보면 식당 주인이라고 짐작할 정도. 그러나 정작 요리는 나 몰라라 하기 때문에 이 친구의 하우스파티 스타일은 꽉 채운 냉장고와 부엌을 활짝 열어젖히는 것이다. 이날도 문자가 왔다. "언니, 생굴 7kg 주문했어. 주말에 봐. 맛있는 거 해줘."

토요일 오후, 친구네 집에 도착했다. 생굴 7kg은 대단했다. 아침에 막 도착한 파란 봉지 가득한 굴은 집 안 전체에 바다 냄새를 '퐁퐁퐁' 뿜어내고 있었다. "7kg이면 뭐, 껍데기가 무거워서 그렇지 까먹으면 얼마 안 되잖아. 옥상에서 불 피우고 구워 먹으면 금방이겠네"라며 유자폰즈 한 병과 간 무 한 봉지만 덜렁덜렁 들고 별생각 없이 왔건만, 굴 나라 하나쯤이 멸망했을 것같이 덜어내고 덜어내도 끝이 없는 양의 알굴일 줄이야. 이 많은 굴은 다 어디서 왔을까라는 생각이 든다. 물론, 어디로 갈지는 알고 있지만.

역시나 나만큼이나 입이 벌어져 들어온 집주인의 다른 친구, 처음 보는 그 사람과 둘이 머리를 맞대고 굴로 만들 수 있는 모든 걸 떠올려 본다. 집주인은 이미 혼자 생굴 한 접시에 초장을 뿌려서는 캔맥주를 두 캔째 들이켜고 있다. "어디 뭐가 있는지 다 알지?"라는 말을 남기고.

당신도 친구들을 불러 파티를 하고 싶지만 할 줄 아는 거라고는 김, 쥐포, 오징어 굽기에, 줄 거라고는 동네 중국집과 배달 피자뿐이라면 이 친

oyster party

구의 파티를 벤치마킹해 보는 게 좋겠다. 당신이 할 일은 친구들이 오지 않고는 못 배기게 만들 '산지 직송 음식 재료'를 주문하는 클릭 몇 번과 음식하기를 좋아하는 나 같은 친구 한두 명을 포함시킨 초대 리스트를 만드는 것뿐이다. 이날처럼 통영에서 날아온 굴도 좋고, 제주도에서 직송한 흑돼지 삼겹살도 좋다. 아빠가 바다낚시를 갔다가 잡았다며 갖다 주신 허벅지만큼 실한 농어가 될 수도 있겠다. 이것들로 냉장고를 꽉꽉 채우고, 부엌을 활짝 열어놓은 다음 친구들이 도착하기만을 기다리면 된다. 느긋하게 마루에 누워 맥주나 까 마시면서, 친구들이 갖다 주는 요리를 나눠 먹으면 되는 거지. 함께 먹는 것뿐이 아니라 함께 '만들어' 먹는다는 스테이지가 하나 더 추가된 이런 자리는 친구들을 식구로 만들어 주는 느낌이다. 고깃집에서 고기를 구워 먹으며 왁자지껄 떠들어 대는 것과 감자튀김을 앞에 놓고 생맥주를 마시는 게 다른 것처럼.

굴전, 굴밥, 굴튀김, 초고추장을 곁들인 생굴, 레몬과 타바스코를 곁들인 생굴, 다진 양파와 설탕을 넣은 레드와인 비네거 소스를 곁들인 생굴, 간 무를 넣은 유자폰즈 소스를 곁들인 생굴, 굴크림파스타, 굴수프, 굴구이. 다음 겨울이 올 때까지 굴을 잊고 지낼 수 있도록 만들어 주겠어. 이 중에 우리는 굴밥, 굴전, 굴튀김, 각종 소스를 곁들인 생굴을 메뉴로 골라냈다. 이제 각 메뉴마다 담당을 골라낼 차례다.
굴전은 지난 20여 년간 명절 때마다 수백 장의 전을 부쳐온 전의 달인, 장손집 맏딸이 맡았다. 아랫집, 윗집까지 카랑카랑하게 울리는 목소리와 지붕을 날릴 만큼 자지러지는 웃음의 소유자인 그녀가 한복을 입혀도 어색하지 않을 만큼 다소곳한 포즈로 부엌 식탁 앞에 앉아 부처님 같

은 미소를 띤 채 굴전을 부치는 모습은 꽤나 볼만한 구경거리가 되었다. 아까 나와 머리를 맞대고 메뉴를 발굴하던 처음 만난 그 친구는 굴튀김을 하겠다고 나선다. 선반에서 식빵을 찾아내서는 푸드프로세서에 갈아 빵가루를 만들어 내는 걸 보니 굴튀김은 걱정 없겠다 싶다. 역시나 그 친구의 굴튀김은 최고였다지. 알이 큰 굴만 골라 가볍게 밀가루를 묻히고, 계란에 담근 다음 방금 갈아놓은 빵가루를 입히고 얌전하게 튀긴다. 굴 한 알도 태우지 않고 그 많은 굴튀김을 전부 다 고르게 노릇한 색깔로 튀겨낸다. 굴이랑 대화라도 하는 양, 한마디 말도 없이 냄비와 젓가락만 바라보고 있다. 굴튀김과 교감하는 남자라니, 풉. 조용히 집중하는 모습을 보니 나와 같은 부류의 사람은 아닌가 보다. 요리를 하는 걸 보면 사람을 알 수 있다. 뭐, 뻔한 얘기지만 말이다. 요리를 잘하는 사람들은 자신의 맛을 고집하는 만큼 다른 일에도 고집이 센 경우가 많고, 코코넛 마카롱같이 섬세하고 복잡한 디저트를 굽는 사람들은 신기하게 조용하고 조곤한 목소리를 가진 경우가 많다.

시간차를 두고 하나씩 도착하는 사람들에게 이것저것 오는 길에 사올 재료들을 알려준다. 그다지 크지도 않은 부엌은 이미 난장판이다. 아까 마셔댄 맥주로 살짝 흥분상태가 되어 굴파티의 총감독인 양 행세하고 있는 나는 굴밥과 소스 담당이 되었다. 무를 썰어 굴밥을 앉히고, 생굴을 찍어 먹을 간장소스부터 만든다. 레몬즙을 짜 넣어 가벼운 맛을 낸 초장이 완성되고, 냉장고를 뒤져 찾아낸 피클에 마요네즈와 생크림, 레몬과 후추, 설탕으로 타르타르 소스도 끝. 굴밥에 곁들이는 양념간장은 조금 더 신경 쓴다. 이 양념간장 맛이 굴밥의 물 맞추는 것만큼이나 중요하거든. 마늘과 파를 갈고, 고춧가루, 참기름, 식초, 통깨, 후추에 이것

저것 섞어 전설의 양념간장을 탄생시켰지.

만들어 내는 대로 마루로 내간다. 굴이 담긴 접시가 한 상 가득이다. 굴전 담당은 어느새 다른 친구로 바뀌었다. 자신만만하게 도전한 다른 친구가 있었거든. 굴튀김 군은 여전히 냄비에 코를 박고 있다. 맥주에 백세주, 사케에 막걸리 병까지 뒹군다. 다 어디서 온 건지 알 수도 없다. 어느새 바글바글 모인 친구들. 마루도 부엌도 바글바글하다. 여기야말로 잔칫집이다. 이유도 없이 날아온 굴 7kg 때문에 처음 만나는 사람부터 몇 달 만에 보는 친구들까지 다 모여든 셈이다. 역시 인생에 먹을 게 없으면 어땠을까.

2시쯤 시작된 굴잔치는 한밤중이 되어서야 슬슬 조용해진다. 술보다 굴을 더 많이 마셔대지 않았을까 싶은데도 이제 굴은 보기도 싫다는 말이 안 나오는 게 용하다. 굴요리에 손을 담그지 않았던 친구들이 일어나 부엌을 정리한다. 서너 명이 주르륵 늘어서 설거지를 한다.

불태울 토요일 밤이 아직도 남은 사람들은 돌아가고 마룻바닥에 붙어버린 멤버들 몇 명만이 남았다. "출출하지 않아?" 누군가 말하자, 다들 기다렸다는 듯 끄덕거린다. 인간의 위는 기적이다. 그 말을 들은 집주인이 드디어 처음으로 부엌에 들어간다.

"내가 굴라면 끓여줄게."

다들 박수. 그러더니 다시 머리를 빼꼼 내민다.

"근데 우리 집 냄비 어디 있어?"

겨울에는, 굴파티

겨울에는 무조건 굴파티다. 꼭 한 번은 필수다. 굴요리는 레시피가 전부 간단하고, 그 맛은 모두 달라서 잔뜩 먹어대도 질리지 않는다. 한 사람이 한 메뉴씩 맡아서 만들다 보면 시끌벅적 잔칫집 같은 재미까지 맛볼 수 있다.

생굴을 색다르게 먹는 법

제일 클래식하게 초고추장에 찍어먹지만 초 간장이나 유자폰즈 소스, 레몬과 타바스코 핫소스도 훌륭하다. 오히려 생굴의 세련된 향과 은근한 맛을 죽이지 않아서 나는 더 좋아한다. 유자폰즈 소스는 일본식품 코너에 가면 브랜드별로 고를 수 있다. 일본간장에 물과 레몬즙, 설탕 약간을 넣어 쉽게 폰즈 소스를 만들 수도 있다. 간장에 레몬이나 식초를 섞어서 만드는 간단한 초간장도 좋다. 얇게 썬 레몬 조각을 굴 위에 뿌리고, 타바스코 핫소스 한 방울을 뿌린 다음 먹는 걸 개인적으로 제일 좋아한다. 안 먹어봤다면 이번 겨울, 꼭 해보길.

굴튀김과 타르타르소스

큼지막한 굴을 골라 밀가루, 달걀, 빵가루 순으로 입혀준다. 먹다 남긴 식빵을 푸드프로세서에 갈아서 만든 빵가루를 사용한다면 촉촉해서 잘 타지도 않고, 더 바삭한 굴튀김을 맛볼 수 있다.

굴을 튀길 때는 한꺼번에 너무 많이 넣지 않는다. 기름의 온도가 내려가 맛없는 튀김이 된다.

타르타르소스는 마요네즈, 레몬, 설탕, 다진 오이피클, 딜, 우유나 생크림을 섞는 것만으로 간단히 만들 수 있다. 우유나 생크림으로 농도 조절을 해주는 셈이다. 맛을 봐가며 레몬즙을 조금씩 넣어주자. 설탕은 신맛의 균형을 맞추는 정도로 조금만 넣는다. 소금과 후추도 잊지 말 것.

굴밥

쌀은 씻어서 1시간쯤 물에 불려놓는다.

01 쌀과 물을 무쇠냄비나 뚝배기에 붓고, 그 위에 무를 올린다. 보글보글 끓을 때까지 센불에 확 끓이다가 뚜껑을 덮고 약불로 줄여서 밥을 한다.

02 밥이 다 되면 굴을 올리고 다시 뚜껑을 덮어 5분쯤 뜸을 들이며 굴을 익혀준다. 이게 귀찮으면 그냥 전기밥솥이나 압력밥솥에 쌀-무-굴 전부 다 함께 넣고 그냥 밥을 해도 된다. 하지만, 이렇게 세심하게 순서대로 넣어주면 굴을 살짝 익힐 수 있어서 더 탱글탱글하고 맛있다.

03 양념장은 전부 다 섞어서 맛을 보고 모자란 것은 더 넣어준다. 다진파와 다진마늘이 포인트라면 포인트. 달래가 있으면 맛이 한 단계쯤 더 나아진다.

굴밥

+ **굴 1컵**
+ **쌀 1컵**
+ **물 1컵**
+ **무 채 썰어서 1컵**
+ **양념장 간장 1/3컵, 달래 약간,**
+ **다진파 조금, 다진마늘 조금,**
+ **참기름 1/2 스푼, 고춧가루 1/2스푼,**
+ **참깨와 후춧가루 조금**

Midnight table

10 A.M.

3 P.M.

1 A M

8 P.M.

새벽 1시를 위한 식탁

01 미드나잇 스윗 익스프레스 / 한밤중의 베이킹, 초콜릿쿠키

02 루저의 샌드위치 / 만나면 후회할 한밤중 간식, 누텔라 너츠 토스트와 아포가토,달걀비빔라면

03 궁상맞지 않게 혼자 술 마시는 방법 / 술상 포 원, 주꾸미와 조개탕

04 라임이 구한 봄밤 / 소금이 구한 맥주, 코로나 미첼라다

05 냉장고가 차려주는 술상 / 냉장고만 열면, 구운야채, 뢰스티, 또띠야 피자

06 여름, 한밤중의 한강 소풍 / 수박으로 여름밤을 불태우는 법, 수박 모히토와 수박화채

07 푸드포르노 중독자의 고백 / 꿈에 그리는 영화 속 그 음식

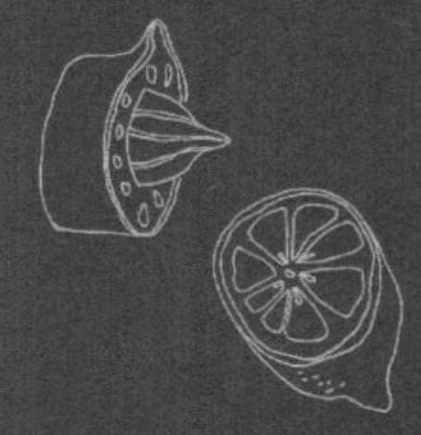

1 A.M.

잠이 안 올 때는 속는 셈 치고 한번 〈무슈 장〉 **서른 살의 싱글 남자가 주인공인 프랑스 만화책** 의 친구가 장에게 충고했던 것처럼 '섹스하는 하마'를 떠올려 보길 권한다.

나의 경우, 주로 잠이 안 오는 밤은 온갖 걱정과 후회와 고민이 상상력과 만나 새끼를 치는 경우.

'아까 이렇게 말할걸, 왜 이런 똑똑하고 재치 넘치는 대답이 이제야 생각이 나는 거야? 그 여자 코를 납작하게…….'

당신도 이래서 잠이 안 온다면, 이 섹스하는 하마가 마술처럼 잠을 불러줄 거다. '아니, 그 배를 하고 하마는 어떻게 섹스를 하는 거지? 내장지방이 가득한 아저씨들처럼 딱딱, 빵빵한 것 같던데, 배를 옆으로 밀어놓을 수도 없잖아?'로 시작해 '하마들이 여성상위체위를 알면 좋을 텐데' 정도까지 오게 되면 아까의 걱정 따위는 이 하마커플의 엉덩이에서 피를 빨고 있는 모기 정도로 사소해지고 어느새 당신은 잠들게 되는 것이 이 '섹스하는 하마'의 원리다.

그러니까 꼭 하마일 필요는 없다는 거다. 하마가 싫다면, 섹스가 힘들 것 같은 온갖 동물들을 다 갖다 붙여 보아도 무리는 없다. 카마수트라에 언급되어 있는 수백 가지의 애크러배틱한 자세를 하마들 다리 여덟 개로 마음껏 만들어도 된다. 아 참, 짝짓기라고 부르지 말고 섹스라고 지칭할 것, 그래야 더 효과만점이다. 짝짓기 따위야 어떻게든 되겠지, 하마도 지루한 종족번식보다는 재미있는 섹스를 하고 싶을 거야. 남의 머릿속에서나마.

그래서 오늘도 하마 한 쌍을 불러내 '죽기 전에 해봐야 할 1001가지 자

01 midnight cookie

세'의 696번까지 시켜봤지만 아무래도 오늘은 날이 아닌가 보다. 하마들도 다리에 쥐가 났다나, 턱이 빠질 것 같다나. 어쩔 수 없이 나의 충실한 섹스홀릭 하마들을 재우고 잠옷 바람에 부스스 나와 거실의 텔레비전 앞에 앉았지만 내 발정난 하마들을 다시 깨우는 게 나을 정도로 한심한 쓰레기 영화들과 에로 영화만 가득이다.

그래서 나는 쿠키를 굽기로 했다. 한밤중 자다 깨서 쿠키를 굽는다니, 너무하다고?

모든 일에는 때가 있는 것처럼, 베이킹의 때는 캄캄한 밤이다. 그것도 초콜릿 쿠키를 굽는 경우라면 더더욱.

한밤중이 초콜릿 쿠키를 굽기 가장 좋은 때인 이유는 갓 구운 쿠키를 차가운 우유에 찍어 한 조각을 맛보는 것밖에는 더 이상 할 일이 남아 있지 않기 때문이다. 소파에 양반다리로 날름 올라앉아 따뜻하고 쫄깃한 초콜릿 쿠키를 입에 물고는 머릿속까지 그 쿠키 맛에 아득하게 취해 있다가 늘어진 몸을 끌고 일어나 뭔가 귀찮은 일을 해야 한다면 애써 기분 좋게 먹어 둔 쿠키의 효험은 온데간데없어지기 마련.

그래서 따끈한 초콜릿 쿠키 맛이 되어버린 기분을 그대로 안고는 고양이처럼 나른해져 있다가 맘 내킬 때쯤 일어나 슬며시 입꼬리로만 웃으면서 침대로 뛰어들 수 있는 바로 그 '한밤중'이 가장 좋은 시간일 수밖에. 입 안에 남아 있는 달콤쌉싸름함을 도록도록 굴리면서(이를 닦을 것인가 말 것인가라는 치열한 고민을 거쳐야 하겠지만) 그렇게 잠들어 버리는 거다. '매일 딱 이만큼씩만 행복하다면 정말 살 만할 거야'라고 중얼거리게 될걸?

초콜릿 쿠키는 30분이면 된다. 한두 번 만들어 보면 눈감고 만들 수 있을 정도로, 약간 멍해진 머리도 감당할 수 있을 정도로 쉽다. 그뿐 아니라 설거짓감이 놀랄 만큼 없다는 보너스도 있다. 주걱 하나, 볼 하나, 숟가락 하나, 믹서 하나 정도뿐이다. 고작 네 개뿐이라도 설거지는 설거지. 그것도 한밤중의 설거지라니 몸서리쳐지게 싫다. 지금은 따끈한 쿠키를 먹으며 늘어지게 고양이 흉내나 낼 때라고. 얼마 안 되는 설거지는 내일 아침으로 미뤄주는 너그러움까지 잊지 않고 갖춘다면 이 미드나잇쿠키는 미드나잇에 얻을 수 있는 최고의 행복이다.

마지막으로 지구에서 가장 향긋하고 따뜻한 쿠키 굽는 냄새로 가득 찬 공기를 맛보며 잘 수 있다는 덤까지. 이 정도라면 이 늦은 시간 오븐을 켤 충분한 이유가 되고도 남지 않을까.

한밤중의 베이킹, 초콜릿 쿠키

초콜릿 쿠키란 첫째로, 초콜릿 퐁당의 쿠키버전처럼 안은 찐득하고 쫀득한 맛이 가득해야 하고, 둘째로 그래도 쿠키답게 겉은 바삭해야 하며, 셋째로 하나만 먹어도 뿌듯할 만큼 큼직해야 하는 동시에, 우유에 흠뻑 찍어먹기 딱 좋게 두툼해야 한다고 생각한다. 게다가 너트류가 들어가는 것보다는 초콜릿칩을 한 줌 가득 맘씨 좋게 넣어서 "내가 초콜릿 그 자체로다!"라고 외칠 것 같은 그런 착한 초콜릿 덩어리여야 한다. 이것이 바로 훌륭한 초콜릿 쿠키의 다섯 가지 덕목. 물론, 이건 내 입맛이지만 말이다.

아래의 반죽은 10개에서 16개 정도를 구울 수 있는데 그건 굽는 사람이 원하는 초콜릿 쿠키의 덕목에 따라 달라지겠다. 레시피는 한밤중에 구울 생각이 들 만큼 간단하다. 초콜릿을 중탕으로 녹이는 게 조금 귀찮지만 나머지는 계량을 얼추 맞춘(계량마저도 꼭 맞출 필요 없이 그럭저럭 대강의 비율만 맞추면 된다) 재료들을 푸드프로세서나 믹서에 전부 다 넣고 잘 섞어서 큰 숟가락으로 베이킹시트를 깐 오븐트레이에 턱턱 올려놓고는 180도로 예열해 놓은 오븐에 넣고 문을 닫아주기만 하면 끝이다. 게다가 꼭 베이킹용 초콜릿이 필요한 게 아니라 그냥 집 앞 가게에서 파는 넙적한 판으로 된 다크초콜릿 아무거나 집어다가 부숴 넣으면 된다.
'휴, 내 살은 어쩌지?'라는 생각이 절로 들지만, 어쩌겠는가. 초콜릿 쿠키 하나로 내 몸매가 갑자기 하마가 될 리도 없고, 지방 조금과는 바꿀 수 있을 정도로 이 한밤의 쿠키는 끝내주는 걸. 오늘 밤

초콜릿 쿠키

+ **다크초콜릿 140g (60% 이상, 사정이 허락하는 한 가장 질 좋은 초콜릿으로 선택한다)**
+ **무염버터 100g(정 없으면 가염버터를 넣고 소금을 뺀다)**
+ **황설탕 50g(정 없으면 백설탕도 괜찮다)**
+ **흑설탕 80g(쫀득하고 찐득한 쿠키를 만들어 주는 아이이므로, 꼭 흑설탕)**
+ **박력분 150g**
+ **소금**
+ **베이킹파우더 1/2티스푼**
+ **쿠키에 넣을 초콜릿 칩 한 줌 (녹일 초콜릿을 빼고 남은 초콜릿을 어느 정도 부숴놓으면 되겠다)**

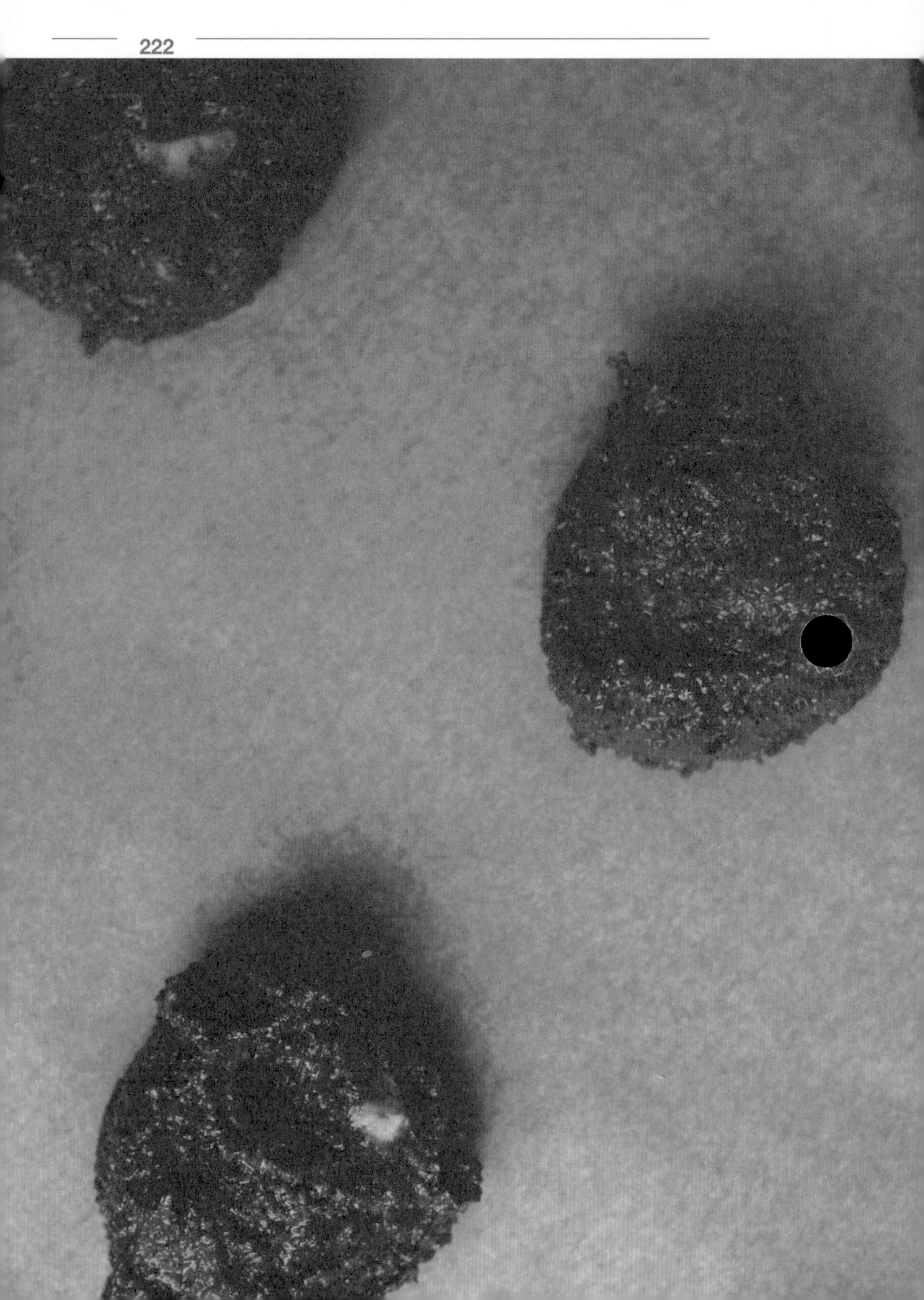

엔 모두들 접시 위에 가득 쌓아 둔 초콜릿 쿠키를 먹으면서 하마들의 애정행각을 구경하는 꿈이라도 꾸길 바란다.

01 펄펄 끓는 게 아니라 김이 나는 정도의 물에 스테인리스 볼을 올리고 초콜릿 140g을 쏟아 부어 중탕으로 천천히 녹인다. 얼른 저어서 빨리 녹이고 싶은 마음은 백분 이해하지만 다 알아서 녹을 때까지 가만히 두는 편이 좋다. 그래 봤자 몇 분 안 걸린다.

02 중탕으로 녹인 초콜릿이 식는 동안에 무염버터 100g을 믹서나 푸드프로세서에 듬성듬성 잘라 넣고 세게 돌려서 크림처럼 만들다가 설탕 두 종류를 모두 쏟아 붓고는 보송보송, 폭신폭신한 크림이 될 때까지 계속 돌린다.

03 버터설탕 믹스에 바닐라 에센스도 넣어주고 식혀놓은 초콜릿을 부어서 한 번 더 돌린다.

04 밀가루 150g, 소금, 베이킹파우더를 체에 한 번 내리고, 여기에 3번의 초콜릿버터 믹스를 넣어서 잘 섞은 다음 초콜릿칩 한 줌까지 모두 털어 넣는다. 손가락으로 찍어 먹기 시작하면 멈출 수 없는 맛있는 쿠키 도우가 탄생.

05 큰 스푼으로 하나씩 툭툭 떠서 베이킹시트를 깔아놓은 오븐트레이에 나란히 올린다. 어느 정도 부풀면서 커지니까 쿠키 반죽 사이의 간격을 충분히 준다. 10~16개 정도의 쿠키가 나올 거다. 나는 12개쯤으로 나누면 나오는 두께가 좋더라.

06 180도로 미리 예열해 놓은 오븐에 넣고 12~15분 정도 굽는다. 짧게 구우면 안이 끈적하고, 오래 구우면 안까지 바삭하다는 당연한 팁. 꺼내서 잠깐 식힌 다음, 트레이에서 꺼내 식힘망 위에서 잘 식히면 끝.

07 덜 식은 따뜻한 쿠키 중 제일 먹음직스럽게 생긴 놈으로 골라서 차가운 저지방 우유 한 잔과 함께 소파에 올라앉는다. 쿠키몬스터처럼 온몸이 파란색이 되어도 이 쿠키만 있으면 행복하겠다는 생각이 들 거다.

아담 샌들러가 한 번도 웃지 않고 진지한 얼굴로 출연하는 영화, 〈스팽글리쉬〉에 보면 일류 셰프로 분한 그가 한밤중 집에 돌아와 하얗게 김이 서린 맥주 한 잔을 유리잔에 따르고, 달걀노른자가 주르륵 흘러내리는 햄샌드위치를 만들어 새카만 바다의 파도 소리만 들리는 해변을 마주한 테라스에 앉는 장면이 있다. 마침 새카만 밤에 이 영화를 보고 있던 나는 열기만 하면 뭐든 들어 있는 마법의 냉장고가 없음에 괴로워할 수밖에 없었다. 내가 본 그 어떤 맥주, 어떤 샌드위치 광고보다도 먹음직한 시즐이었다. 낯선 암소를 발견한 수소처럼 동공이 커지고 피가 빨리 돌았으니까.

이날 이후 이 햄에그샌드위치에 제대로 꽂힌 난 한밤중에 배가 고프거나, 맥주가 고프면, 아니 아무것도 고프지 않아도 습관처럼 이걸 만들어 먹기 시작했다. 그해 1년간 찐 내 살의 20%는 이 샌드위치에 책임이 있다고 해도 과언이 아니다. 그 영화만 보지 않았더라도, 나는 어제 옷가게에서 머리를 양 갈래로 묶고 얼굴에 주근깨가 있는 시골소녀가 어울릴 듯한 귀여운 플라워 패턴의 튜브탑을 발견하고 느낀 환희를 드레스룸에서 입어보면서까지 계속 느낄 수 있었을지도 모른다. 내 팔뚝에 그 샌드위치들이 붙어 있었다. 그해 이 한밤중의 햄에그샌드위치만 몰랐더라도 난 그 튜브탑을 살까 말까 그렇게 오래 고민하지는 않았을지도 모른다. (물론, 샀다.)

그래, 그래. 인정한다. 지난 몇 년간 나는 2~3주 간격으로 음식을 바꿔가며 열광했다. 하나를 먹기 시작하면 2주쯤은 가뿐하게 늘 같은 시간에 그걸 먹고야 마는 것이다. 또, 우리 집에 오는 사람들에게도 먹이고야 말았지. 언제는 오이와 날치알을 넣은 유부초밥이었고, 언젠가는 국물 없이

02 affogato

끓인 달걀비빔라면이었다. 또 여름쯤에는 에멘탈을 깔고 위에 파르미자노와 통후추를 듬뿍 뿌려 오븐에 구운 통밀빵이었고, 그 다음은 아마 한밤중 스콘 굽기(밤만 되면 뭐가 굽고 싶다)였지 싶다. 프라이팬에서 바삭하게 구운 식빵 위에 헤이즐넛 페이스트인 '누텔라'를 두껍게 바르고 그 위에 살짝 구운 호두와 아몬드를 잘게 다져 듬뿍 올렸던 것도, 하프갤런짜리 하겐다즈 바닐라 아이스크림을 사다가 네스프레소로 갓 내린 진한 커피를 부은 아포가토를 매일 밤 만들어 먹었던 것도. (에스프레소를 머그컵으로 마셔도 잠만 잘 자는 무딘 몸이다, 만세.) 그러니 이 모두가 고르게 내 신체적, 정신적 피해에 대한 책임을 나눠 가져야 하겠지만(음식에게도 책임을 전가할 수 있다니!) 그래도 이 햄에그샌드위치를 1번으로 꼽는 이유는 이게 아무래도 가장 맛있었기 때문이지 싶다. 맛있어서 미안하다고 말이나 해 줬으면.

이 샌드위치, 사실 별거 아니다.
햄을 살짝 굽는다. 굽는다기보다는 차가운 기운만 빠져나가게 따끈하게 덥힌 팬에 슬쩍 발만 담그듯, 데치듯 올렸다가 꺼내주면 된다. 햄은 꺼낸 후, 더 달군 프라이팬에 오일을 두르고 오일도 데워지면 달걀을 톡 깨 넣는다. 훌륭한 서니사이드업을 만드는 비법은 가만히 내버려 두는 것이다. 노른자는 익지 않고 흰자가 거의 하얗게 될 때까지 그냥 가만히 둔다. 가끔 너무 크게 부풀어 오른 곳이 있으면 톡톡 포크로 구멍을 내 공기방울만 터트려 주는 정도. 불은 중불 정도로 끄트머리가 약간 갈색으로 그슬린다 해도 바삭한 게 맛있으니 너무 걱정할 필요 없다. 단, 노른자를 익히면 안 된다. 노른자가 익는 순간 이 샌드위치는 망한 거라고 생각해도 좋

다. 노른자 주변의 흰자가 아직 덜 익은 상태 정도일 때 불을 끈다. 한편에선 양상추나 로메인 레터스, 그리고 양파를 잘 씻는다. 양파가 너무 맵다면 레몬을 살짝 뿌린 물에 담근다. 매운 기가 날아간다. 중국집에서 양파에 식초를 뿌리는 이유가 늘 궁금했는데 이게 그 답인가 보다. 통밀빵같이 거친 빵보다는 보들보들한 식빵이 속과 잘 어울린다. 식빵을 살짝 노릇하게 토스트 해 준 다음 마요네즈 아주 조금(간신히 빵을 한 겹 덮을 정도만)과 디종머스터드나 홀그레인머스터드, 아니면 그냥 노란 서양 겨자를 역시 아주 얇게 발라준다. 차가운 샌드위치가 아닌 것은 달걀이 올라갈 거니까 다른 것들의 온도도 대강 맞춰주고 싶기 때문. 바삭한 빵이 싫다면 그냥 써도 상관없다. 빵 위에 수북하게 올려놓은 풀들 위로 햄과 서니사이드 업으로 구운 달걀을 올리고 다른 쪽 빵을 덮는다. 앗, 깜빡했다. 달걀노른자 위에 소금, 후추는 뿌렸겠지? 한 가지 더, 말린 오레가노를 솔솔솔 뿌려주자. 노른자와 오레가노가 얼마나 잘 어울리는지 깜짝 놀랄 거다.

이제 빵칼로 샌드위치를 반 잘라줘야 한다.
샌드위치를 반 가르는 위치에 칼을 올려놓고 그 위를 다른 손으로 덮는다. 지그시 온 손바닥으로 샌드위치를 눌러주면서 칼을 앞뒤로 톱질하듯 움직인다. 주르륵, 샛노란 달걀노른자가 흘러내리면서 마치 진득하고 풍미 가득한 소스처럼 햄과 채소, 빵을 부드럽게 감싸준다. 이게 이 햄에그샌드위치의 비밀이다. 접시에 고인 노른자는 꼭 싹싹 빵으로 닦아 먹어야 한다.

이렇게 해서 손이 시릴 만큼 차가운 맥주 한 캔을 맥주 컵에 얹어 왼손에, 노른자가 뚝뚝 떨어지는 샌드위치 접시를 오른손에 들고는 소파 위에 양

반다리로 주저앉는다. 그러고는 시계엔 눈길조차 주지 않고, 리모컨을 주워 들어 채널을 꽤 주의 깊게 선택한다. 마침 볼 때마다 같은 장면쯤에서 잠들었던 액션영화를 하고 있다. 다들 그렇게 재미있다던데 나는 한 번도 끝까지 못 봤다. 텔레비전에는 분명히 신기가 있다. TV채널을 돌리다 보면 같은 영화는 항상 절묘하게 지난번에 보기 시작한 그 장면이다. 또 보다가 관둔 그 장면에서 우연히도 또 채널을 돌리거나 TV를 끄게 된다. 치사하게 못 봤던 부분을 우연히 발견하게 두질 않는다. 그런 식으로 아직 끝을 보지 못한 영화가 내 책장의 읽지 못한 책들만큼이나 많다.

이 채널 선정 시간이 너무 오래 걸려서야 샌드위치도 맥주도 식고 만다. 잽싸게 샌드위치를 한쪽 입에 넣고 오물오물한 다음 노른자와 빵 부스러기가 묻은 그 입술 그대로 컵에 따라둔 맥주를 마셔준다.
작은 램프만 하나 켜진 어두컴컴한 방 안에 노른자가 뚝뚝 떨어지는 샌드위치와 시원한 맥주, 그리고 멍청한 액션영화라니, 이거야말로 아무 생각 없는 루저 looser 가 된 기분이다. 걱정이라고는 맥주가 떨어지는 거 하나에, 오늘 트림은 몇 번 했을까 포스트잇에 바를 정자를 써가며 기록해 놓는 게 취미인 루저.

노른자가 몇 방울 소파에 떨어진다. 에이, 내비 둬. 어차피 나는 루저인데, 루저네 소파라면 노른자랑 맥주, 콜라 자국, 감자칩 부스러기 정도는 기본으로 달고 있어야지. '알 게 뭐람, 알 게 뭐람, 알 게 뭐람.'
내일 아침 소파를 칫솔로 박박 문지르며 말라붙은 노른자를 닦아 낸다 해도 오늘 밤은 이렇게.

나라도 대신 말해두겠다. 맛있어서 미안하다. 차라리 만나지 말걸, 이라며 훗날 머리를 쥐어뜯으며 후회해도 난 책임 없다. 그저 당신이 내년에 당신 평생 가장 마음에 드는 튜브탑을 만나지 않기만을 빌며, 혹은 "남자라면 배가 좀 나와 줘야지!"라고 말하는 애인을 두었길 바라며.

누텔라 너츠 토스트

01 팬을 충분히 달군 다음 듬성듬성 다진 견과류를 팬에 넣고 흔들어 가면서 가볍게 구워준다. 금방 타기 시작하므로 고소한 냄새가 퍼지기 시작하는 순간 불에서 내리면 된다.

02 그 팬에 식빵을 올려서 살짝 데운다. 바삭하게 구워도 좋다.

03 식빵과 각종 견과류, 누텔라를 앞에 주르륵 늘어놓고 텔레비전을 보면서 소파에 파묻힌다.

04 식빵에 누텔라를 바른다. 그리고 다진 견과류 위에 꾹 눌러주면 누텔라에 달라붙는다. 그대로 입으로 직행-

05 단, 땅콩은 별로 맛이 없다. 호두, 피칸, 마카다미아나 헤이즐넛 같은 다른 견과류가 좋다. 식빵에 누텔라를 바르고 살짝 구운 다진 견과류를 뿌린 다음 식빵으로 덮어준 뒤, 조금 무거운 물건을 위에 올

누텔라 너츠 토스트

+ **흰 식빵**
+ **견과류 한 줌**
+ **누텔라(헤이즐넛 초콜릿 페이스트)**

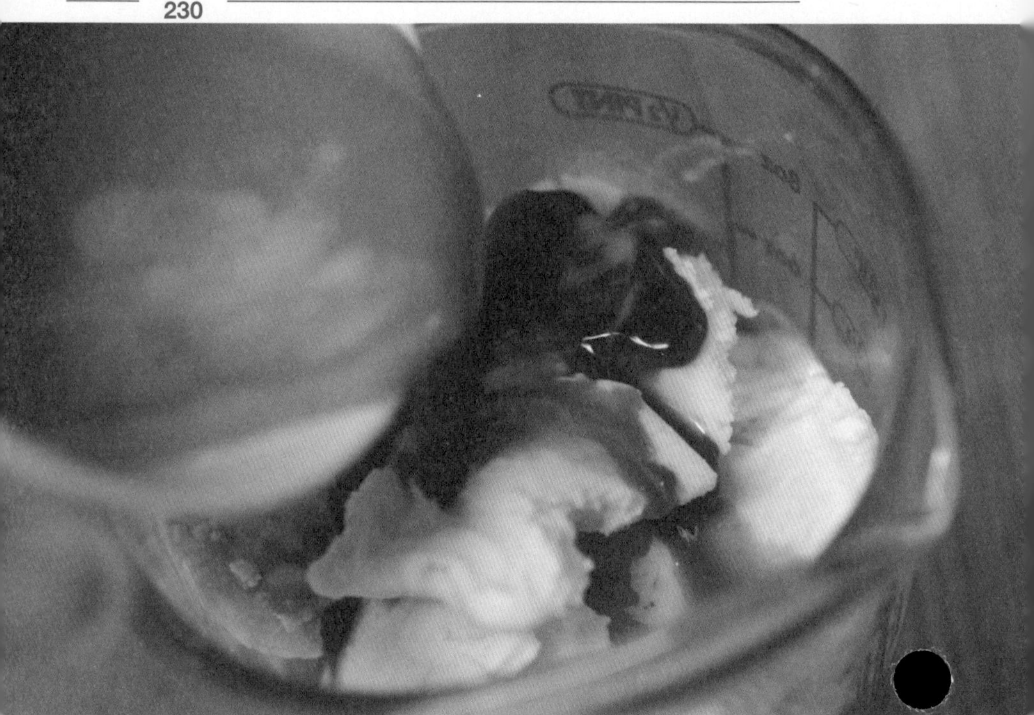

려 눌러주며 팬에 구워도 맛있다. 납작해서 쫄깃하고, 충분히 구워서 바삭하다. 가스레인지 앞에 조금만 서 있을 참을성만 있으면 이 편이 더 맛있다.

치즈페퍼 토스트

01 식빵이나 호밀빵, 잡곡빵 등에 마요네즈를 얇게 바른다.

02 에멘탈이나 체다 치즈 등 냉장고에 있는 치즈를 잘게 썰어 듬뿍 빵 위에 올린다.

03 그 위로 파르미자노 치즈를 잔뜩 갈아 올리고 마지막으로 통후추도 갈아준다.

04 오븐이나 토스트기에 넣고 치즈가 부글부글 녹고 살짝 황금색을 띨 때까지 구워준다. 어떻게 보면 크로크무슈에서 햄만 쏙 뺀 것과 다를 바 없다.

아포가토

01 진하게 에스프레소를 내린다.

02 하겐다즈 바닐라 아이스크림(초콜릿 아이스크림도 맛있다!)을 한 스쿱 그릇에 떠 넣고 그 위에 에스프레소를 붓는다.

치즈페퍼 토스트

- **식빵이나 호밀빵 한 장**
- **냉장고에 있는 치즈 아무거나 (에멘탈이나 체다 치즈가 좋다. 노란 슬라이스치즈는 사실 조금 별로)**
- **파마산 치즈(파르미자노 덩어리를 갓 갈면 좋겠지만 없다면 파마산 치즈가루도 오케이)**
- **통후추**
- **마요네즈**

아포가토

- **진하게 내린 에스프레소 1~2샷**
- **하겐다즈 바닐라 아이스크림 1스쿱**

03 다 녹아버리기 전에 뜨거운 커피와 찬 아이스크림을 한꺼번에 스푼으로 떠서 얼른 먹는다. 나중에는 아이스크림이 녹아 달달한 커피가 된다. 그것도 그대로 마셔준다.

달걀비빔라면

+ **라면 한 개**
+ **달걀 한 개**
+ **찬밥 한 덩어리**

달걀비빔라면

01 짜장라면을 끓이듯 끓이면 된다. 끓는 물에 대강 부순 라면의 면만 넣는다. 익으면 물을 1/3만 남기고 따라낸다.

02 달걀을 톡! 넣고, 라면 스프도 뿌린다. 불을 약하게 해 놓고 젓가락으로 잘 비벼주면서 달걀을 익히고 스프를 섞어 준다. 어느새 진득한 소스처럼 된다.

03 찬밥 한 덩어리와 함께 그릇에 올리고 소파에 가 앉는다. 숟가락으로 슥슥 밥과 잘 비벼서 먹으면 된다. 밥이 없어도 되지만 그렇다면 스프를 2/3만 넣는 게 좋다. 국물이 없어서 다 넣으면 짜다. 어쨌거나, 별미다.

03 주꾸미와 조개탕

금요일 밤에 혼자라니.
아침부터 들떠서 일도 팽개치고 온종일 메뉴를 고민하고, 뛰듯이 걸어 집 앞 생선가게에서 주꾸미와 모시조개, 새우를 주렁주렁 들고 한달음에 돌아왔는데 이럴 수가. 오늘의 초대 손님은 급작스러운 회의 때문에 날 버리고 말았다.
으흠, 이대로 소파에 눌러앉아 시시껄렁한 텔레비전이나 보며 외로운 금요일 밤을 라면 한 사발과 보낼 수도 있었지만 봄날의 서른 몇 살 아가씨는 용감하게 혼자 한잔하기로 했다.

아까 사다놓은 주꾸미 다섯 마리 중 작은 두 마리를 골라서 데치는 걸로 시작한다. 다섯 마리를 꿰어놓은 철사를 마구 잡아당기는 바람에 한 놈은 머리가 살짝 터져 그 귀하디귀한 보석 같은 알이 튀어나와 버렸다. 아까워. 머리 터진 놈과 제일 작은 놈 두 마리를 팔팔 끓는 물에 던져 넣었다. 뜨거운 물에 좀 데일 뻔.
며칠 전 큰맘 먹고 장만한 스타우브STAUB 무쇠냄비에는 조개탕을 끓이기로 했다. 냄비가 예쁘니 국물도 맛있겠구나. 몇 달을 벼르다가 산 냄비다. 조개는 한 예닐곱 개쯤? 혼자만 먹을 건 데다가 이건 국물맛인걸. 저 아름다운 냄비에서 끓고 있으니 저게 고작 조개국물인가 싶다. 역시 음식은 눈으로 먹는 게 반이야. 조개들이 다 입을 벌렸기에 건져내고는 국물에 파와 매운 청양고추, 마늘을 넣는다.

이쯤 되니 주꾸미도 다 익었을 것 같다. 하나를 건져서 자신만만하게 가위로 머리를 잘랐는데 아뿔싸, 덜 익었다. 아이고야, 처음 데쳐 본 주꾸

미라니까. 혹시나 오래 끓이면 질겨질까봐 꺼냈는데, 너무 빨리 꺼내고 만 것. 머리가 반 동강 난 주꾸미를 다시 냄비에 넣었다. 아까 던져 넣었다가 데고 말았잖아, 이번에는 살살. 음식은 참을성과 함께 엉덩이를 뒤로 쭉 빼고 냄비에 코를 박을 것 같은 집중력이 필요하다. 나처럼 술 취한 사람이 코인 야구장에서 배트를 휘두르는 양 마구 던져 넣고, 썰어댔다가는 다 엉망이 되고 만다니까. 호쾌한 마리오 바탈리 아저씨 **요리쇼 '아이언 셰프 Iron Chef'로 많이 알려진 이탈리안 요리사. 뉴욕과 LA, 라스베가스에 여러 개의 레스토랑을 가지고 있다** 도 주꾸미는 살살 넣었을 거야, 생긴 건 던져 넣게 생겼어도.

'아, 익었다.' 다리 하나를 입에 넣어보니 부드럽게 쫄깃하다. 이가 탱탱 튕겨져 나오면서도 부드럽게 씹힌다. 문어와 낙지의 중간쯤 맛을 가진 게 주꾸미라는데, 정말 그렇네. 나 천잰가 봐. 아까 덜 익은 걸 꺼냈던 건 그새 잊어버렸다. 혼자서 처음 해보는 요리를 하면서 제일 신날 때가 이때다. 아무도 나한테 잔소리하는 사람도 없고, 망쳤다고 뭐라 할 사람도 없다. 음식이 그럴듯하게 나오기라도 하면 내가 천재인가 싶다. 스도쿠 퍼즐을 풀면서 '나에게 이런 수학적 천재성이 숨어 있었다니!'라고 생각하는 거랑 비슷하다.

주꾸미 머리 속 밥알 같은 알들이 차진 밥보다 더 맛있어 보인다. 이렇게 몽글몽글 모여 있는 외계인스러운 애들은 절대 안 먹는 애인이 생각났다. 이 나이쯤 되면 '못' 먹는다가 아니라 '안' 먹는다가 맞는 것 같다. 어쩜 그리 안 먹는 게 많으신지. 잘됐지 뭐. 이거 먹어 보면 절대 후회 안 할 거라며 입에 넣어주는 내 손을 뭐라도 묻은 양 휘휘 피하는 미운 모

습을 안 봐도 되는 데다가, 나 혼자 톡톡 입 안에 전부 다 털어 넣어도 되는걸. 아무랑도 안 나눠 먹어도 되고, 제일 좋은 부분도 무조건 내 거다. 게다가 아무리 더럽고 추하게 먹어대도 뭐라 할 사람 하나 없는 것도 좋다. 며칠 굶은 거지마냥 맹렬히 먹는다 해도 말이야.

김이 폴폴 나는 주꾸미 녀석들을 보자 금새 침이 가득 고였다. '좀만 기다려, 내가 홀라당 잡아먹어 줄게.' 금새 초고추장도 완성했다. 원래 초고추장에는 직접 담가둔 매실 엑기스를 넣는데 그게 그렇게 감칠맛 나고 맛있을 수가 없다. 하지만 없는 매실즙을 아쉬워할 필요는 없지. 주꾸미가 제철이니 초고추장쯤이야. 이제 테이블만 차리면 된다. 어제 막 빨아둔 하얀 테이블 매트를 깐다. 핑크색 줄이 세 줄씩 양 끝에 들어간 귀여운 매트다. 주꾸미를 빈티지 하늘색 접시에 담고 초고추장도 작은 접시에 담는다. 하얀 도자기 그릇에 조개탕도 옮겨 담는다. 냄비째 먹고 싶기도 했지만 왠지 저 냄비, 겨우 이걸로 개시한 게 미안해 얼른 씻어 놓아야겠다는 마음이 들어 그릇에 옮길 수밖에 없었다. 단출하지만 화보처럼 예쁜 한 상이다. 혼자 먹을 때는 더 예쁘게 차려야 한다. 제일 좋은 걸로, 제일 예쁜 걸로, 제일 맛있게.

저번 세일 때 사 둔 준마이다이긴조를 꺼낸다. 언제 마실까 아껴뒀는데 오늘이 딱이다 싶다. 인사동 길거리에서 샀던 작은 찻잔이 술잔이 되겠다. 지금 내 맞은편에 앉아 있기로 했던 그 사람과의 짧고 귀여운 스토리가 있는 찻잔. 사케 뚜껑 따는 소리를 듣고 우리 집 고양이 셋 중 둘이 달려왔다. 캔이라도 따 주는 줄 알았나 보다. 미안해서 어쩌나, 닭육포

를 몇 개 꺼내서 입에 물려준다. 한 녀석은 내 다리 밑에, 한 녀석은 비어 있는 맞은편 의자를 차지하고 앉아 냠냠, 순식간에 먹어버렸다. 한 놈은 이제 주꾸미에 관심이 많고, 또 한 놈은 닭육포를 더 달라며 냉장고 문 앞에서 야옹거린다. 예쁜 것들.

왼손이 따르는 술을 오른손이 받는다. 괜히 중얼거린다. '건배, 건배.' 맛있는 건 먼저 먹는 성격에 밥알이 가득 든 주꾸미 머리를 한 점 집어 든다. 맛있는 걸 나중에 먹으면, 이미 배가 불러 생각보다 맛없는 데다가 다 식어 버린다고. 음식을 딱 받았을 때, '와!' 하는 기분으로 날름 제일 맛있는 부분을 먹어 줘야 한단 말이지.

술을 한 잔 쭈욱 마시고는 아까부터 한쪽 손에서 차례를 기다리고 있던 주꾸미 머리를 드디어 입에 넣는다. 아, 이제 봄이 왔나 싶다. 봄꽃보다 제철 음식 한 접시에 봄을 느끼는 이 음식 제일주의 인간.

함께 있었어야 했던 사람에게 핸드폰으로 주꾸미와 조개탕 사진을 찍어 보낸다. 지겹게 먹는 회사 앞 스쿨푸드의 김치찜과 돈가스로 막 저녁을 때운 그가 부러워하며 못 가서 미안하다고 답장을 한다. '응, 괜찮아. 사실은 혼자 너무 신났어, 미안.'

세상에 누가 혼자 술 먹으면 안 된다고 했어. 맛있는 음식과 고양이 두 마리, 촛불 하나가 친구해 주는 테이블이 심심하지 않다. 아무도 없으니 아무것도 안 해도 되는 게 이 술자리의 가장 좋은 점이랄까. 조금은 가

라앉았지만, 눈물 나지는 않는 나와 마시는 금요일 밤 아홉 시의 호화로운 술상. 나쁘지 않잖아, 정말.

주꾸미를 한 마리 더 데칠까 싶은데… 문자가 왔다.
"나 지금 가고 있어."
혼자도 좋은데, 안 와도 되는데, 하하핫.
얼른 조개탕부터 데워야겠다!

데친 주꾸미

누가 혼자 술 마시면 안 된다고 했던가?

몇 가지만 지키면 혼자 마시는 술도 궁상맞지 않을 수 있다. 아무리 잘 차려도 소주는 좀 슬프니 그건 관두는 게 낫겠다. 나만을 위한 조금 특별한 테이블을 차린다면, 구할 수 있는 제일 좋은 재료들을 고르는 편이 좋다. 어차피 혼자 먹는 거, 많이 안 사도 되니 비싸도 눈 딱 감고 장바구니에 던져 넣자. 보통 땐 엄두도 못 낼 비싼 스테이크 한 장같이. 포테토칩 한 봉지에 캔 맥주를 구겨가며 마시는 것보다 훨씬 더 내가 소중한 기분이 든다.

안주로는 봄이라면 주꾸미나 두릅, 가을이라면 산낙지, 겨울이라면 소금구이한 새우같이 손이 많이 안 가도 맛있게 먹을 수 있는 제철재료를 선택하는 게 좋겠다. 괜히 복잡한 걸 시작했다가는 음식이 테이블 위에 올라오기도 전에 술이 먼저 바닥나게 되거나, 테이블에 음식이 올라올 때쯤에는 지쳐 쓰러지고 말 것이다.

한 가지 더! 너무 심각한 생각을 하거나 핸드폰을 가까이 두지 않는 지혜도 필요하다. 잘 차려놓고 술 마시다 혼자 코 흘리며 울게 되면, "그러니까 혼자 술 마시지 말라 그러는 거야"라며 핀잔만 듣게 될 테니.

01 주꾸미를 살 때 생선가게 아저씨, 아줌마한테 손질해 달라고 하자. 내장과 먹물을 빼달라고 부탁할 것. 신선한 먹물을 그냥 먹기도 하는

데친 주꾸미

- \+ **주꾸미**
- \+ **밀가루**
- \+ **끓는 물**
- \+ **초고추장(고추장 2테이블스푼,**
- \+ **식초 1-1 1/2테이블스푼, 꿀 (설탕+물엿이나 올리고당도 된다) 1/2-1테이블스푼, 와사비 조금)**

데 익숙하지 않은 사람한테는 시커메서 보기만 안 좋다. 오징어나 주꾸미 같은 아이들은 사실 웬만하면 별로 만지고 싶지 않은 재료. 그냥 생선가게에 손질해 달라 부탁하면 된다. 간단하다.

02 손질해서 집에 가져온 주꾸미에 밀가루 한 숟가락을 넣고 주물러 준다. 거품이 나면서 미끈미끈하던 게 '뽀드득 뽀드득' 소리가 날 때까지 비벼준다. 빨판 사이의 뻘을 특히나 잘 비벼 빼줘야 한다. 밀가루로 한 번 이렇게 빨아 주면, 비린내도 덜하다.

03 끓는 물에 머리부터 넣는다. 머리를 담그고 하나, 둘, 셋, 넷, 다섯 정도를 세고 다 집어넣는다. 한꺼번에 너무 많이 데치지 말고 서너 개씩만 넣자. 머리를 눌러봤을 때 라면 먹고 잔 다음 날 볼처럼 탱탱하면 다 익은 것.

04 초고추장은 정말 입맛껏 만든다. 나는 식초 대신 갓 짠 레몬즙을 좋아한다. 식초보다 가볍고 기분 좋은 신맛이기 때문. 손가락으로 찍어 먹으면서 신맛과 단맛, 매운맛을 잘 맞춰 본다. 그냥 파는 초고추장을 사오는 그런 방법도 물론 있다.

조개탕

01 웬만한 데서 사면 요즘 조개는 다 해감이 되어 있더라. 잘 씻은 조개를 물에 넣고 끓인다. 마시다 만 사케를 살짝 넣어도 되겠다.

조개탕

- **각종 조개**
- **사케나 청하 등 먹다 남은 술 (화이트와인만 빼고)**
- **실파**
- **다진마늘**
- **청양고추**
- **소금**

02 거품은 깔끔하게 걷어내고, 조개가 입을 벌리면 건진다.

03 송송송 자른 실파와 다진마늘 조금, 붉은 고추, 약간 매운 청양고추를 썰어 넣고 소금으로 간을 맞추면서 한소끔 더 끓인다. 이렇게 따로 끓이면 매콤한 맛도 깔끔하고 더 진한 국물이 된다. 불을 끄고 조개를 다시 넣으면 끝.

04 아무리 그래도 바닥에 모래가 있을지 모르니, 너무 신나게 휘휘 젓지 말고 (너무 걱정되면 체에 한 번 거르면 되지만 어우, 귀찮아) 조심스레 그릇에 옮겨 담으면 끝. 당연히 냄비째로 그냥 먹어도 아무 문제 없다. 이제 냉장고를 열고 차갑게 해 둔 술을 꺼낸 다음 나 한 잔, 또 나 한 잔 마시면서 즐거운 금요일 밤.

라임이 구한 봄밤

소금이 구한 맥주, 코로나 미첼라다

애인은 밤샘할 작정으로 출근한 토요일, 날씨는 똥구멍이 찢어지게 좋고 엉덩이는 들썩들썩거린다. 아침에 일어날 때부터 어딘가 들뜬 기분. 하지만 조용히 며칠 전부터 꽂힌 미드나 끝장낼 생각으로 집에 들어앉기로 맘먹었다.
그렇게 2시가 다 되도록 '멍' 하게 있다가 갑자기 고장난 소나 윈스텝의 부품을 갖다 주겠다는 친구의 연락을 받고 이태원으로 나왔다. 지난겨울, 봄에 입으라며 애인이 안겨준 오렌지색의 나이키 윈드브레이커만 걸쳤는데도 더울 지경이네, 봄인데. 여기서부터 시작이었다. 이때부터 붕붕 들뜨기 시작했다구. 차오 **이태리 피아지오사에서 나온 오래된 모페드** 의 시동을 걸고 이태원으로 나간다. 역시나 많은 사람들이 이태원을 놀이공원처럼 북적이게 만들고 있다. 이래서 주말에는 나오기가 싫다고 투덜거린다. 관광지에 사는 주민의 비애랄까, 부암동 한가운데 사는 아는 언니보다야 낫지만.

오랜만에 만나는 친구와 그의 부인이 될 친구 셋이 펍의 테라스에 자리를 잡는다. 새로 론칭한 독일맥주를 시키고는 4시간 내내 수다를 떨고 말았다. 오래전 한두 번 봤던 친구의 부인 될 사람과 웨딩드레스부터 햄스터의 과거, 고양이의 뻔뻔함, 남자의 워너비피터팬증후군, 카메라와 스쿠터 이야기를 조잘조잘. 덕분에 신랑 될 친구는 묵사발이 되었고 여자 둘은 '깔깔깔' 그 재미에 또 맥주를 시킨다. 소나 윈스텝을 위한 새 부품을 받고, 맥주까지 얻어 마셨다! 잔뜩 들떠서 업 된 엉덩이와 1g 정도밖엔 중력을 받지 않는 것 같은 걸음을 해서는 여기는 뭐가 맛있고, 저기는 뭐가 별로고, 여기는 저 레스토랑의 매니저가 배신하고 낸 레스토

04 corona michelada

랑이라며 조잘조잘 이태원 맛집 투어를 서비스로 넘긴 후 헤어졌다. 그러고는 잠시 이 들뜬 마음을 어쩔까 고민해 본다. 맥주가 좋겠어, 그리고 뭔가 맛있는 것들.

차오를 돌려 치아바타를 파는 피자집으로 간다. 치아바타를 두 개 사고, 그 옆 슈퍼마켓에서는 아름답기 그지없는 통통 탱탱한 줄기 토마토를 샀다. 그 옆 델리에 들러 직접 훈제한 연어 100g과 스모크트햄, 스파이시 살라미도 조금 샀다. 만 원이 약간 넘는다. 이탈리안 카페, '라 보카'에서 루꼴라와 프로슈토가 든 샐러드와 고르곤촐라 피칸테도 테이크아웃. 이 정도면 웬만한 와인바의 럭셔리한 안주보다 낫다. 집에는 이미 케이퍼와 니수아즈 올리브, 파르미자노 레자노, 에멘탈 치즈에 이태리 파슬리와 바질까지 있다. 와인을 살까 하다가 그저께 산책을 나갔다 사온 라임이 생각나 집 앞 가게에서 코로나 대여섯 병을 낚아채 들어온다. 소금과 라임으로 지난번 친구가 가르쳐 준 멕시칸 스타일 코로나를 마실 작정이다. 꼭 라임이어야 한다. 하나에 천오백 원이나 하지만 구할 수만 있으면 감사할 정도. 코로나의 맛이 50점이라면 레몬을 짜 넣으면 70점이고 라임을 짜 넣으면 120점이다. 일본에서는 레몬이 아니라 라임을 넣으라는 광고 캠페인을 할 정도라고. 조리예는 괜히 있는 게 아니고, 음식에는 맞는 짝이 있다. "라면에는 치즈지!"라고 천 번 외쳐봤자 그건 잡종일 뿐. 라면에는 달걀과 파다. 조리예에도 써 있듯이. 그걸 무시하면 큰코다치는 건 아니지만 인생의 맛을 놓치는 거지.

이십 분 정도의 테이크아웃 릴레이를 마치고 돌아왔다. 토요일 저녁 예

능프로그램이 한창인 텔레비전을 틀어놓고는 테이크아웃 해온 모든 것들을 트레이 위에 대강 늘어놓는다. 할 일이라고는 훈제연어와 같이 먹을 붉은 양파를 얇게 슬라이스하고, 치아바타를 팬 위에 올려 미지근하게 데워주는 것뿐이다. 그마저도 귀찮아 양파를 통째로 가져다가 썰어가며 먹는다. 맥주잔의 입구에 라임을 살짝 바르고 접시에 덜어 온 레이크솔트 위에 지그시 눌러준다. 마가리타처럼 잔에 하얗게 소금이 붙는다. 여기에 라임을 사치스럽게 반 개씩 팍팍 짜 넣는다. 코로나를 따르고 크게 벌컥 마셔준다. 텔레비전이 웃긴 건지 맥주 4파인트의 힘인지 알 길은 없으나 '웃기면 됐지, 뭐'라며 혼잣말을 큰 소리로 주절거린다. 이 꼴은 영락없는 주정뱅이잖아? 좀 좋은 안주들로 가득한 트레이를 옆에 낀 행복한 주정뱅이.

기름이 잘잘 흘러 투명한 오렌지색 보석처럼 반짝이는 훈제 연어 100g은 눈 깜짝할 사이에 케이퍼, 붉은 양파를 곁들여 내 뱃속으로 사라지고 말았다. 샐러드? 아까 이미 들이마셨지. 한 잎도 남김없이. 살짝 구운 치아바타에 파르미자노 레자노를 얇게 썰어 올리고 토마토 슬라이스와 살라미를 올린다. 짭조름하고 매콤한 살라미에 신선하고 시큼한 토마토, 거기에 파르미자노의 풍미와 부드러운 질감에 쫄깃한 치아바타까지. 이어서 고르곤촐라 피칸테도 치아바타에 찐득하게 발라주고 그 위에 꿀을 뿌린다. 이건 정말이지 훈제연어에 이은 오늘의 두 번째 보석이다. 이게 바로 테이크아웃의 예술이다. 네 군데를 20분 만에 돌고 나니 이런 테이블이 완성된다.

막내 고양이의 발을 부여잡고 '으하하하' 웃고 즐기는 사이 코로나는 벌

써 2병째. 라임은 한 개가 '아작'났다. 맥주에 취하고, 음식에 취한다. 벌떡 일어나 과감하게 텔레비전을 끄고 요 며칠 계속 듣고 있는 'Vampire Weekend'를 틀었다. '뱀파이어의 주말은 재밌으려나, 주말엔 흥청망청 잔뜩 취한 사람들이 많으니 사냥도 쉽겠다. 역시 뱀파이어도 주말을 좋아하겠어' 따위의 헛소리를 중얼중얼 고양이들한테 날리면서 세 번째 코로나를 딴다.

세상에, 엉덩이는 들썩이고, 함께 들썩여 줄 애인도 친구도 없지만 이렇게 유쾌할 수가.
이런 날이 있어, 두 달에 한 번쯤. 음식과 맥주뿐이 아니야. 내 가슴은 지난주 어떤 이유로 살 수밖에 없었던(없다고 변명하며 샀던) 'Aubade' 브라로 딱 올라붙어 인상적인 클리비지를 자랑하고 있고, 고양이 한 마리는 왼쪽에, 다른 한 마리는 오른쪽에 다정하게 앉아 있는 데다가 나머지 한 녀석은 꼬리로 내 다리를 훑고 지나간다. 기분 좋게 상쾌한 바람에 노란 스탠드의 빛까지.

궁뎅이는 여전히 들썩이고, 혼자라 딱히 갈 데도 없지만, 그런 것 따위 깡그리 무시할 수 있는 이 소파 위의 토요일.

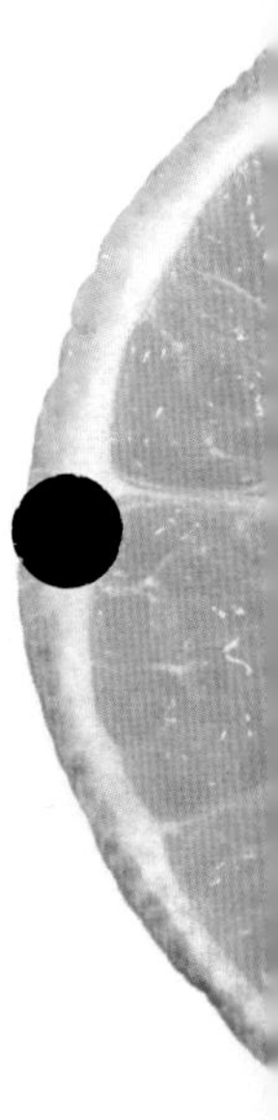

소금이 구한 맥주, 코로나 미첼라다(Michelada)

얼마 전 1년의 지구여행을 마치고 돌아온 친구가 멕시코에서 배워 왔다며 전수해 준 멕시코식 맥주 마시기. 찾아보니 대략 미첼라다(Michelada)로 통칭되는 멕시칸식 비어 칵테일. 핫소스와 우스터소스, 토마토주스가 들어가는 게 정석이지만, 라임과 소금만 넣어도 미첼라다라고 부를 수 있다고 한다. 저 멀리 미국에서도 인기가 높은 맥주 칵테일. 1~2년 전부터 버드 라이트 라임(Bud Lite Lime)이나 밀러 칠(Miller Chill) 같은 멕시코 스타일의 맥주가 붐이라고 한다.

이걸 만들 때는 꼭 코로나는 아니더라도 더운 나라에서 만든 라이트한 맥주가 적당하다. 여름에는 더운 나라 맥주를 마시는 게 더 잘 어울린다. 소금의 경우 맛소금 같은 싸구려 소금 말고, 너무 짜지 않은 천연소금이 필수. 맛소금이라니, 우웩. 천일염을 살짝 볶아서 잡맛을 날린 다음 약간 빻아서 써도 좋고 레이크솔트도 좋다. 난 레이크솔트 중에도 핑크솔트가 맛있더라. 그냥 찍어 먹어도 짜지 않다. 이 핑크솔트는 와인이나 맥주 안주로도 잘 어울린다. 마치 막걸리에 왕소금처럼. 아 참, 누가 귀띔해 줬는데 인스턴트커피를 블랙으로 타고 거기에 아주 약간의 소금으로 간을 해줘도 끝내주게 맛있다고 한다.

그리고 라임. 라임은 수입되는 철이 따로 있고 구하기가 쉽지도 않다. 가락시장이나 가끔 백화점에 나타나기도 하고, 이태원 등의 수입식품점에서 4~5월부터 가을 정도까지 구할 수 있다. 라

코로나 미첼라다

+ **좋은 천연소금**
+ **라임**
+ **얼음**
+ **코로나처럼 더운 나라에서 온 맥주**
+ **우스터소스**
+ **타바스코소스(핫소스)**

Corona
Extra
LA
CERVEZA
MAS
FINA
CERVECERIA

임이 없으면 레몬이지만, 나라면 그냥 안 마시고 만다. 그 향과 맛은 정말 다르다.

01 얼음잔처럼 차갑게 해둔 맥주컵의 입구를 라임으로 한번 슥 닦아준다.

02 맥주잔 입구보다 약간 넓은 접시를 준비해 소금을 담는다. 맥주잔을 그대로 접시 위에 엎어서 소금이 잔 입구에 묻게 한다.

03 라임 반 개를 맥주잔에 짜 넣는다. 잔에 얼음을 채우고 코로나를 붓는다. 맥주는 처음에는 컵을 기울여서 맥주를 흘려넣어 거품이 없이 따르다가 잔이 3/4 정도 찼을 때 컵을 세워서 적당하게 거품이 올라오도록 따라준다. 만약 맥주컵 안으로 소금이 들어갔다면 맥주 거품이 미친 듯이 올라온다. 너무 놀라지 말자.

04 짠맛이 맥주를 더 시원하게 만들어 주고, 신맛이 청량감을 준다. 더운 날에 이렇게 마셔보자. 더위에 시든 시금치 같은 몸이 다시 싱싱해진다.

05 여기에 핫소스와 우스터소스를 조금씩 넣어줘도 기대 이상으로 맛있다. 위의 방법대로 보통의 맥주잔 입구를 소금으로 덮어주고 얼음을 채우고, 라임 반 개를 짜준 다음, 핫소스와 우스터소스를 두세 번 흔들어 뿌려주면 된다. 적당한 양을 찾기 위해 처음엔 조금 넣고 맛을 봐가며 더 넣어주자. 스푼으로 섞어 준 다음 마시면 끝.

냉장고가 차려주는 술상

냉장고만 열면, 구운 야채와 뢰스티, 또띠야피자

05

tortilla pizza

집으로 친구들을 불러들이기 시작하면, 도저히 멈출 수가 없어진다. 귀를 울리는 음악에 맞춰 발바닥이 얼얼할 정도로 놀아야 논 것 같은 때도 있었지만, 이제는 조용하고 빛이 잘 드는, 다정한 술자리가 더 좋아졌다. 금요일 밤을 위해 새로 산 드레스를 입고, 발이라도 삐끗하면 그대로 발목이 나가버릴 킬힐을 까딱거리면서 친구들과 까르르거리는 것도 좋지만, 어젯밤에 입고 잔 그 옷 그대로 간신히 브라만 챙기고, 신경을 좀 더 쓴다면 새로 산 앞치마 정도가 포인트인 옷차림으로 의자에 양반다리를 하고 올라앉아 발밑에 누워 있는 고양이를 발가락으로 괴롭히며 마시는 술이 이젠 더 맛있는 걸 어떡하나. 게다가 아무리 마신다 해도 옆방은 침대요, 그 옆은 화장실이니 걱정 없다. '집술'의 매력에 한번 빠지면 헤어날 수가 없다.

지루한 저녁시간 문자가 온다. '뭐해?' 그럼 나는 망설임 없이 답장을 보낸다. '집이야, 이리 오셔.'
그럼 친구들은 제각기 알아서 마시고 싶은 술을 한두 병씩 들고 나타난다. 이제 내 친구들도 우리 집에서 마시는 술자리에 이골이 났다. 선물로 들어왔다는 와인이나 샴페인을 가져오기도 하고, 마시다가 모자란 것보다는 남는 게 낫다며 두 손 가득 맥주를 큐팩으로 들고 온다. 입맛도 가지가지여서 맥주 잔뜩에 청하를 몇 병 끼워 오는 친구가 있는가 하면 제사 때 마시고 남은 청주를 갖고 와서는 날씨가 쌀쌀하니 데워달라고 앙탈이다.

나는 그때부터 냉장고의 양쪽 문을 모두 활짝 연다. 아, 특별한 술이 주

인공이 되는 날은 다르다. 며칠 전 친구가 긴 여행에서 돌아오며 가져온 멕시코발 술은 아마 누군가가 다시 지구를 반 바퀴 돌아오지 않는 이상 인생에 단 한 병인 술이겠다. 이런 멕시코 직송 테킬라를, 귀한 사케를 따는 날은 며칠 전부터 메뉴를 고심해도 모자라지. 내가 얘기하는 건 친구들이 심심풀이 와인이나 맥주를 시키면 비닐봉지에 넣고 나타나는 날들을 말한다. 처음 '집술'을 시작하던 시절에는 친구들이 온다고 하면 바짝 정신을 차리고는 분주하게 요리를 만들어 내곤 했지만, 이제는 '집표 술상'의 베테랑이 다 되어서 그런 짓은 그만둔 지 오래다. 부엌에서 있는 것보다 친구들과 앉아 있는 게 낫다는 걸 알았기 때문이지. 그래서 이런 급작스러운 술자리의 안주는 내 냉장고가 담당하게 되었다. 냉장고가 차려주는 술상.

그 시작은 우아하다. 가장 먼저 냉장고 속 과일과 치즈같이 그냥 먹을 수 있는 음식들이 그 모습을 드러낸다. 치즈와 과일들이 와인 안주만 되어야 한다는 건 바보 같은 생각. 담백한 크래커나 바게트, 먹다 남은 치아바타에 에멘탈치즈, 노란 체다치즈, 고르곤촐라에 파르미자노 레자노 덩어리, 크림치즈와 올리브나 할라피뇨도 나온다. '셰프 마일리스 **오스트리아 셰프의 수제햄, 소시지를 맛볼 수 있는 이태원의 델리**'에서 사다놓은 햄과 살라미가 있으면 횡재다. 꺼내서 접시에 담기만 하면 되는 게 첫 번째 라운드 술상에 올라올 수 있는 안주의 자격조건이다. 그러나 머리를 굴리다 보면 멜론에 프로슈토를 감은 이탈리안 안티파스토 '멜로네 프로슈토' 같은 럭셔리한 아이템도 가능하다. 살짝 구운 또띠야에 고르곤촐라를 바르고 꿀을 뿌리면 그대로 고르곤촐라 피자스타일이 된다. 올리브를 잘게 다져서

참치캔과 섞고, 거기에 케이퍼를 뿌려도 훌륭하다. 크리미한 치즈를 얇은 스모키 베이컨에 감은 후 타임을 조금 뿌려주고 잠깐 오븐에 구워주면 겉은 바삭하고 안에서는 찐득한 치즈가 흘러나온다. 그럴듯한 술상은 요리의 복잡성과는 아무런 관계가 없는 것이다. '집술'의 횟수가 늘어날수록 이런 1라운드용 안주가 풍부해진다. 어느 날부터 나도 모르게 이런 것들을 쇼핑카트에 담고 있게 되거든.
도대체 어느 냉장고에 먹다 남은 에멘탈치즈와 고르곤촐라, 살라미가 있느냐며 툴툴거리는 게 여기까지 들린다. 변명을 하자면, 우리 집 냉장고와는 정반대로 내 옷장과 구두선반은 예전과 다르게 텅텅 비어가고 있다는 것을 말해두는 바이다. (그릇과 음식에 올인하기 전에는 구두였다.) 선택과 집중이다. 내가 광고대행사를 다니며 배운 최고의 교훈이 선택과 집중이거든. 진리는 모든 길로 통하는 법, 인생의 즐거움도 선택과 집중이다. 그러면 파르미자노 레자노와 프로슈토가 굴러다니고 기네스 맥주와 소고기 안심이 냉장고 청소용 스튜에 들어가는 그런 냉장고를 가질 수 있게 됨을 명심하시라.

이 접시들이 대강 비어가기 시작하면 이제 2라운드의 안주는 조금 생각해 봐야 한다. 여기서부터는 약간의 조리가 필요해진다. 채소, 고기, 해산물 등 '요리' 재료들이 기어나오기 시작한다. 소고기나 닭가슴살이 있으면 '야호', 닭가슴살이라면 케이준 파우더나 로즈메리, 큐민같이 약간의 허브나 스파이스만으로도 훨씬 다른 맛을 낼 수 있다. 베이컨이나 프로슈토를 둘러서 오븐에 넣고 구워도 만점. 소고기의 경우라면 통후추와 굵은 소금만으로도 충분하다. 새우와 홍합 등의 냉동 해물은 마시고 있

던 맑은 술을(사케나 화이트와인, 청하나 소주) 조금 넣은 끓는 물에 데쳐 샐러드로 만들면 좋다. 레몬과 올리브오일, 발사믹 비네거로 드레싱을 하면 멋진 인살라타 디 프루티 디 마레가 완성된다. (알고 보면 해산물 샐러드, 하지만 음식 이름은 만드는 사람 마음이니 마음껏 멋지게 붙이자.) 만약 야채가 냉장고 가득이라면, 굽도록 하자. 가지와 호박이 안성맞춤. 특히 가지는 도톰하게 잘라 그릴마크가 선명하게 새겨질 정도로 구워주면 일품이다. 아무것도 필요 없다. 그저 적당히 굽기만 하면 되는 것이다. 파프리카와 버섯도 마찬가지, 구울 수 있는 모든 야채는 굽는 거다. 조금 더 신경을 쓰고 싶다면 올리브오일이라거나 발사믹 크림이나 발사믹 비네거, 페타치즈를 뿌려볼 것. 별거 안 했는데도 이날 술상의 알라카르트 a la carte, 일품요리처럼 빛난다. 이렇게 만들어 낸 가지구이에 홀딱 빠진 내 친구 하나는 우리 집에 올 때마다 반드시 가지 두 개를 지참하고 나타난다. 웃긴다고? 술만 마시면 버릇처럼 게워내는 친구를 위해 우리 집 화장실에는 3M에서 나온 1회용 변기 청소솔도 구비되어 있다. 민폐를 죽도록 싫어하는 깔끔한 친구가 자신의 뒤처리용으로 사다 놓았다는 놀라운 이야기. 난 운도 좋지, 이렇게 예의바른 친구들이라니.

'집표 술상'의 포인트는 바로 이거다. 시간이 걸리지 않는 간단한 안주와 냉장고 속 재료들을 즉석에서 맛있게 조립해낼 수 있는 애드리브(?) 능력. 그래야 술상의 흐름이 끊기지 않도록 접대, 요리, 대화를 물 흐르듯 소화해 내는 멋진 호스트가 될 수 있는 것이다.

슬슬 술이 비워져 가고 냉장고도 바닥을 보이기 시작한다. 여기쯤이 되

면 3라운드. 하지만 어디선가 또 맥주가, 와인이 계속 등장한다. 술은 참 끊이지도 않고 나온다. 고백하자면 만 원의 심부름값을 내고 심부름센터에 시켜본 일도 있고 맥주가 모자라 당기지도 않는 치킨과 함께 3000cc 생맥주를 배달시킨 적도 있다. 안주 따위야 뭘 먹든 별 상관이 없어지는 단계다. 드디어 이것저것 다 꺼내는 내 버릇이 나온다. 밑반찬으로 만들어 둔 양파 장아찌와 메추리알이 든 소고기 장조림 같은 것들이 기어나온다. 며칠 전 친구가 자기 엄마 몰래 갖다 준 홈메이드 오징어 젓갈도 함께다. 와인을 오징어젓갈이랑 먹으란 말? 아니, 나는 단지 그 귀한 '엄마가 만든 진짜 오징어젓갈'의 맛을 친구들에게 보여주고 싶은 마음인 것뿐이다. 이런 내 마음, 내 친구들도 다 안다. 예상외로 이런 엉터리 술안주도 꽤 반응이 좋다. 다정한 기분이 드는 술상이 되지.

잠시 정신을 차려 테이블을 둘러보면 웃길 정도로 어이없는 안주 덕에 상다리가 부러질 지경이다. 급하게 부쳐 계란옷은 다 날아간 호박전과 초콜릿 입힌 딸기가 나란히 놓여 있거나 양파장아찌 간장에 치아바타 부스러기가 들어 있다. 누가 간장에 치아바타를 찍어 먹었담. 김치 부침개와 올리브, 할라피뇽이 한 접시에 올라와 있다. 언제부터 냉동실에 있었는지 모르겠는 조기 한 마리도 올라와 있다. 이러니 냉장고가 차려주는 술상이랄 수밖에.

그래서 오늘도 내 냉장고는 우리에게 안주를 차려주느라 스스로를 깨끗이 비우고 말았다.
내일은 마음껏 냉장고를 채울 쇼핑을 즐길 수 있겠구나. 야호.

구운 야채

01 가지는 1~1.5cm 정도로 두툼하게 썬다. 앞뒤로 소금을 조금 뿌려서 키친타월 위에 올리고 물기를 조금 빼준다. 흘러나온 물기를 닦고 뜨겁게 달군 그릴팬에 올려 굽는다. 가지는 기름을 쭉쭉 빨아들이는 성격이 있는 데다가, 기름 없이 굽는 편이 더 담백하고 맛있으니 기름은 빼자. 양쪽에 예쁜 그릴마크가 선명해질 때까지 굽는다. 꼭 그릴팬이 아니어도 상관은 없다. 보기 좋은 갈색이 될 때까지 굽는다.

02 호박은 가지보다 얇게 썬다. 가지와 똑같이 굽는다.

03 파프리카는 잘 씻어서 집게로 잡고 가스불에 태운다. 껍질이 새까맣게 될 때까지. 그러고는 지퍼락 등 비닐백에 밀봉해 넣고 물방울이 비닐봉지에 맺힐 때까지 둔다. 꺼내서 손으로 까맣게 탄 껍질을 벗겨내면, 짠! 부드럽고 단 속살만 남는다. 이렇게 구우면 훨씬 달콤하고 보드라운 파프리카를 먹을 수 있다.

04 양파는 고깃집에서 썰어주듯 가로로 동글동글하게 썰어 팬에 같이 굽는다. 토마토도 마찬가지. 토마토는 맨 나중에 굽자. 토마토에서 물이 흘러나오면서 팬이 조금 엉망이 된다.

05 버섯은 적당한 크기로 잘라서 달군 팬에 버터나 올리브오일 조금과

구운 야채

- **가지**
- **호박**
- **파프리카**
- **양파**
- **토마토**
- **버섯**
- **올리브오일**
- **파르미자노 레자노나 페타치즈**
- **베이컨**
- **발사믹 비네거(발사믹 크림이나 졸인 발사믹도 훌륭하다)**
- **소금, 통후추, 로즈메리나 오레가노 약간**

OCHAGAVIA

함께 구워준다. 너무 뒤적거리지 않는 게 포인트. 자꾸 건드리면 버섯에서 물이 나와 질척한 버섯구이가 된다. 버섯구이에는 로즈메리가 잘 어울린다.

06 채소를 구울 때 모두 소금과 통후추를 뿌려준다. 오레가노나 로즈메리 같은 허브도 아주 아주 조금 뿌려줘도 좋다.

07 채소를 다 구우면 그 팬에 베이컨을 바삭하게 구워준다. 손으로 부수면 부숴질 만큼.

08 그릇에 수북하게 구운 채소들을 담고 원한다면 그 위에 올리브오일과 발사믹 비네거를 살짝 둘러준다. 손으로 부순 페타치즈나 얇게 썬 파르미자노 레자노를 뿌려도 훌륭하다. 베이컨을 짭조름한 풍미와 바삭함을 더해서 질감을 다양하게 해주면 더할 나위 없다. 담백한 호밀빵이나 잡곡빵을 함께하면 만점. 안주뿐 아니라 고기 등 메인메뉴의 사이드디시로도 더할 나위 없이 제격이다.

•
•
•

뢰스티

뢰스티는 스위스식 감자전이다. 느긋하게 기다릴 수만 있으면 바삭하

뢰스티

- \+ **얇게 채 썬 감자**
- \+ **버터**
- \+ **소금**
- \+ **후추**

고 노릇한 훌륭한 뢰스티를 만들 수 있다.

01 감자를 성냥개비처럼 얇게 채 썬다. 채칼을 이용할 것. 채칼이 없다면 감자 껍질을 깎는 필러로 얇게 깎아낸 다음 모아서 채 썰어주면 된다.

02 굵은 소금을 뿌려서 잠시 둔다. 키친타월로 눌러서 가능한 한 많이 물기를 제거해 준다.

03 감자에 약간의 오일, 녹인 버터, 소금, 후추를 뿌려 손으로 뒤적뒤적 고루 묻혀준다.

04 달군 팬에 얇게 깔아준다. 위에 버터를 한두 조각 올리고 중간불에 굽는다. 익는 데 시간이 좀 걸리니 다시 테이블로 돌아가서 놀다가 가끔 확인해주면 된다.

05 위가 약간 투명해지고 밑은 노릇하게 익었을 정도면 뒤집어서 반대도 구워준다.

06 소시지와 먹으면 딱인 스위스식 감자전, 뢰스티 완성.

또띠야피자

냉동실에 또띠야 하나쯤 가지고 있으면 생각보다 꽤 편하다. 양상추, 양파, 파프리카, 오이 같은 채소를 썰고 허브나 스파이스를 뿌린 닭고기를 찢어 또띠야에 넣고 돌돌 말면 간단하게 한 끼 해결. 체다치즈와 타코 시즈닝이 더해지면 멕시칸 스타일 랩이 된다. 또띠야피자도 냉장고에 먹을 만한 재료만 갖추고 있으면 눈 깜짝할 새에, 게다가 먹음직스럽고 꽤 멋져 보이기까지 한다!

01 또띠야를 꺼내 올리브오일을 살짝 바르고 토마토소스를 아주 얇게 발라준다.

02 모차렐라치즈를 살짝 얹어준다. 너무 많아도 별로다.

03 원하는 토핑을 무심한 듯 턱턱 올리고 구워준다. 너무 예쁘게 줄을 세워도 참 어색하기 그지없다. 그저 무심한 듯 시크하게 뿌려주자. 치즈를 나중에 올리면 토핑들을 다 덮어서 보기가 별로이기 때문에 치즈를 먼저 얹었다. 이 편이 예쁘다.

04 오븐에 넣고 치즈가 녹고 토핑이 노릇해질 때까지 굽는다. 칼이나 가위로 적당히 4등분쯤 해서 테이블 위에 올리면 별거 아닌데 근사하다.

또띠야피자

+ **냉동 또띠야**
+ **토마토소스 (시판소스나 만든 것 아무거나)**
+ **피자용 모차렐라치즈**
+ **냉장고를 뒤져 생각해 낸 여러 가지 토핑들 (토마토, 바질, 베이컨, 올리브, 버섯, 감자, 햄, 치즈 등등등)**

05 토핑은 냉장고 속 뭐든 괜찮다. 적당히 상상력을 발휘해 보자. 그동안 사 먹었던 피자들을 떠올려 보자. 대신, 토핑은 2가지 이상, 아무리 많아도 3가지 이상은 한꺼번에 올리지 말자. 얇게 썬 감자와 로즈메리, 버섯과 짭짤한 햄, 여러 가지 치즈, 토마토와 바질, 이태리 파슬리 혹은 루꼴라, 베이컨과 올리브, 얇게 썬 마늘과 베이컨 등. 혹시 새우 같은 해물을 올리고 싶으면 미리 볶아주는 게 좋다. 해물에서 물이 많이 나오기 때문.

06 살짝 구운 또띠야에 고르곤촐라를 바르고 꿀을 찍어 먹도록 해도 예술이다.

07 마요네즈에 얇게 썬 감자도 잘 어울리고, 바질페스토나 루꼴라페스토를 만들어 얇게 발라줘도 베이스로 단연 최고.

여름, 한밤중의 한강 소풍

수박으로 여름밤을 불태우는 법, 수박 모히토와 수박 화채

하루 종일 에어컨 바람에 찌들어 있다가 한밤중이 되어서야 창문을 열었다. 내가 오븐 안에 살고 있는 거라고 생각하게 만들던 뜨끈한 공기는 사라지고 생각보다 시원한 바람이 끼쳐왔다. 수박이라도 한 통 사서, 계곡물에 발을 담그고 깨 먹으면 딱 좋을 여름밤. 베란다에 신문지 깔고 쪼그려 앉아 고양이들을 끼고 수박이나 잘라 먹으면 딱 좋겠지만, 앞집 사람들 때문에 이젠 그럴 수도 없게 되었다. 얼마 전까지 비어 있던 새 빌라에 히스패닉계의 미국인들이 이사온 후로 코딱지만 하지만 럭셔리! 했던 내 테라스바는 폐점해 버렸거든. 그 전에는 그 좁은 베란다에 친구들 두세 명과 나란히 앞을 보고 앉아 허공에 대고 수다를 떨어가며 맥주며 와인에 시원한 봄바람을 즐겼는데. 옆집 아줌마가 혀를 차는 소리가 들리긴 했지만 내 알 바 아니었다. 바비큐를 할 마당은 없지만, 그나마 한 걸음 너비의 이 베란다라도 있어서 다행이라고 생각했건만, 매일 밤 아무도 이사오지 말라고 빌었건만.

그 앞집에 친한 친구라도 살았다면 얼마나 좋았을까. 창문 사이를 밧줄로 연결하고 대야를 하나 동여맨 다음 거기에 만두며, 스튜며, 튀김을 넣어 도르래로 돌돌 나눠 먹으면 되잖아. 집 어딘가에 존재하는 게 분명한 블랙홀로 사라지는 머리끈 때문에 이 머리를 양말로 묶어야 하려나 고민할 필요도 없어지겠구나. ("머리끈 하나만 보내봐.") 그리고 나는 수박도 사 먹을 수 있을 테지. 1인용 식탁인 이 집 안에 수박은 아무래도 부담스럽다. 내 뱃속에 어린왕자의 바오밥나무만 한 수박넝쿨이 자라도 놀라지 않을 만큼 마구 먹어댄다고 해도 이 수박 한 통을 끝장내기란 쉽지 않다.

06 watermelon mojito

이럴 때면 세상은 싱글들에게 너무 각박하다는 걸 다시 한 번 피부로 느낄 수밖에 없다. 파를 사도 너무 많고, 시금치를 사도 남아돈다. 결국 남는 것들은 버려지고, 그러면 내 마음은 찢어진다. 아무리 마주 보고 할 말이 없어도 싱글들에게 연애(혹은 결혼)는 언제 할 거냐고 묻지 않고, 가게에서는 파와 시금치를 1인분씩 포장해서 파는 그런 세상은 언제쯤 오려나.

어쨌거나 이 여름의 밤바람, 놓치기는 너무 아깝다. 싸구려 술집 메뉴판의 음식 사진을 바라보듯 멍하게 텔레비전을 응시하고 있을 게 분명한 친구들에게 전화를 했다.

"한강 가서 수박이나 먹자."

뜬금없고, 어이없다면서도 순순히 알았다고 하는 이 친구들, 다들 심심했던 게다. 그렇게 네 명을 모았다. 오늘 한강이 떠나가겠구나. 알아서 이것저것 챙겨오라고 하고 전화를 끊었다. 잰걸음으로 집 앞 과일가게에 다녀왔다. 수박 속을 파내고 나면 고양이들이 두 마리는 들어가 잘 만한 사이즈다. 반 통은 금방 시원해지라고 냉동실에 넣어 놓고 나머지 반 통은 속을 파냈다. 냉장고에서 라임, 레몬, 클럽소나를, 베란다에서 민트를, 찬장에서 앱솔루트보드카와 바카디를 꺼냈다. 시럽도 만들려다 아무래도 일이 커지는 것 같아 그냥 올리고당을 쓰기로 했다. 파낸 수박 속은 주서에 넣고 주스를 내준다. 수박 분수인 양 끝도 없이 주스가 나온다.

설탕과 민트를 그릇에 넣고 대강 한 번 으깨준다. 민트의 향이 확 올라온다. 클럽소다에 민트와 설탕, 올리고당을 섞고 보드카도 부어준다. 그

래도 여름밤이니까 화끈하게 만들어야지. 끊임없이 맛을 봐가며 이것저것 더 넣고 더 넣는다. 온 집 안을 뒤져 갖고 있는 병을 다 꺼낸다. 큰 병, 작은 병 꽉꽉 채웠다. 다섯 명이서 밤을 새워도 될 정도네.

가방에 수박 모히토와 수박, 플라스틱 컵을 잔뜩 챙겨서 자전거를 타고 한강에 도착했다. 이미 자리를 펴고 작은 스피커까지 갖다놓고는 물구나무서기를 하면서 놀고 있는 저것들.

"수박은?"
"마셔!"

마시고, 먹고, 마시고, 먹고, 사진을 찍다가, 노래를 듣다가, 수다를 떨다가, 으하하 웃다가, 뛰어다니다가, 굴러다니다가 새벽이 되어버렸다. 결국 나까지도 수박 칵테일에 얼큰하게 취해 자전거를 접어 택시 트렁크에 넣고 돌아올 수밖에 없었다는 게 이 여름밤 소풍의 마지막 장면.

더운 여름날 밤의 수박 모히토는 솔솔 바람 부는 봄의 낮술만큼 잘 어울리더라.
이렇게 해서 내 푸드 컬렉션에는 새로운 메뉴가 또 하나 추가되었다. '여름의 한강 바람 맛을 섞은 수박 모히토'. 그 앞장은 여름 밤참으로 '선풍기 바람 맛 넣은 열무물김치말이 소면'이다. 이래서야 곧 1년 365일이 모자랄 지경이 되겠다. 하루 세 끼가 모자란 지는 이미 오래됐고.

수박으로 여름밤을 불태우는 법, 수박 칵테일

수박주스 만들기는 주서가 있다면 매우 간단하지만, 가진 게 믹서뿐이라면 조금 성가신 일일 수도 있다. 믹서로 수박을 충분히 갈아준 다음, 면보에 한 번 더 걸러줘야 한다. 그래야 맑은 주스를 얻을 수 있다. 일단 만들고 나면 물보다 훨씬 더 시원하고 달콤한 게 수박 한 통을 전부 다 갈아버리고 싶어질 지경이다. 혼자 사는 사람들에게 커다란 수박 한 통은 무리지만, 이렇게 주스로 만들어 놓고 틈틈이 마신다면 한 통도 말끔히 먹어치울 수 있다.

수박 모히토(watermelon mojito)

- **수박주스 1/2컵**
- **라임(없으면 레몬) 하나**
- **설탕 반 스푼**
- **시럽(설탕과 물을 동량으로 넣고 계속 저어준다. 탁하던 시럽이 맑아질 때까지) 입맛에 따라**
- **페퍼민트나 스피어민트(스피어민트가 강해서 더 잘 어울린다) 서너 줄기**
- **럼 1/4컵에서 입맛에 따라 늘리고 줄인다**
- **얼음 1컵 가득**
- **클럽소다 1/2컵**

01 라임, 설탕, 민트를 컵에 넣고 살짝 으깨준다. 너무 심하게 으깨면 민트잎이 마실 때마다 성가셔진다. 민트향이 우러나올 정도로만 으깨면 된다. 칵테일 재료의 양은 전부 입맛에 따라 조절한다. 수박주스를 너무 많이 부으면 텁텁해지니까, 그것만 조심하면 된다. 그래도 여전히 텁텁한 것 같다면 얼음을 가득 넣고 최대한 시원하게 만들어 주면 된다. 팁이라면 팁이다.

02 수박주스와 럼, 클럽소다를 붓고 부순 얼음을 넣어 섞어준다. 맛을 보고 시럽을 더 섞어준다. 모히토에는 흑설탕을 쓰지만 여기에 흑설탕을 넣으면 발갛고 예쁜 수박색은 사라지고, 포장마차에서 그릇 설거지한 물 색깔이 되므로 그냥 투명한 시럽을 쓴다. 올리고당도 괜찮지만 올리고당은 설탕보다 덜 달다. 양을 잘 맞춰줘야 한다.

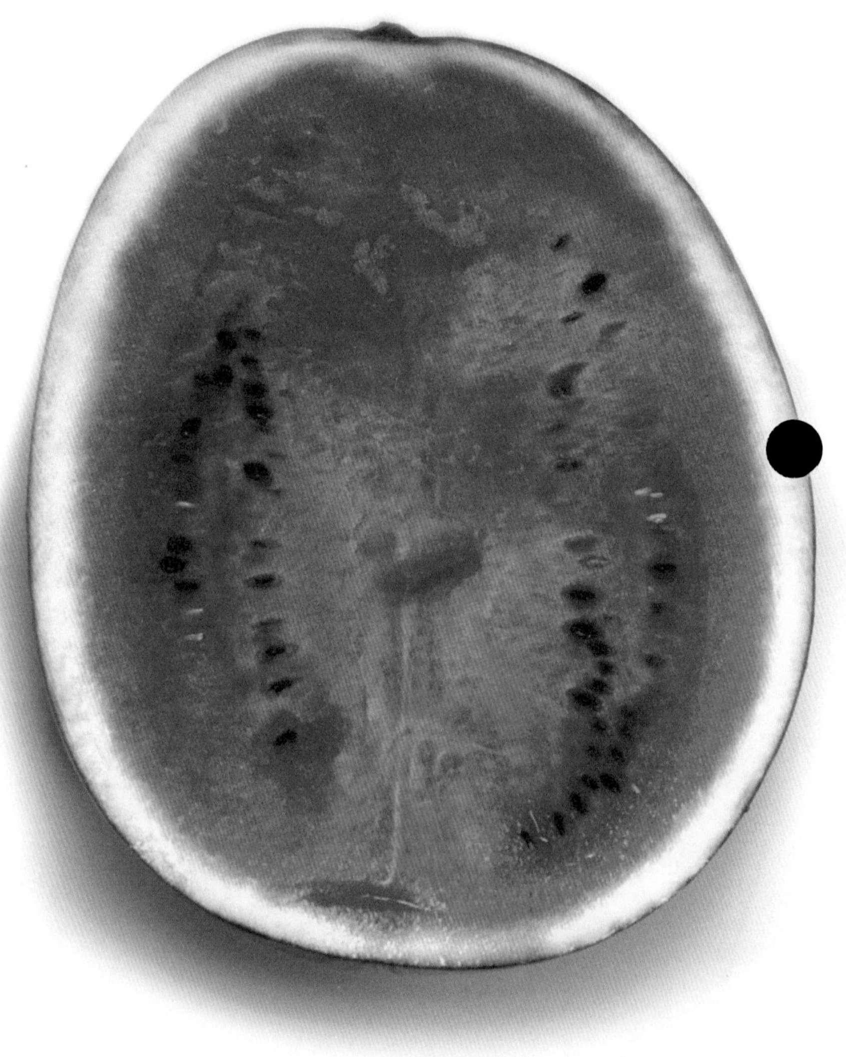

03 잘 저어서 아주! 차갑게 식힌 다음 마신다. 차지 않으면 그다지 매력이 없다. 한 주전자 가득 만들어서 밤새 마셔도 좋다.

NEW 수박 화채

01 수박을 멜론 볼러(동그란 모양으로 퍼주는 스푼)로 동그랗게 떠놓거나, 2cm 정도의 정사각형으로 잘라놓는다.

02 오렌지 껍질을 노란 부분만 깎아서 얇게 썬다. 오렌지가 없다면 레몬 껍질도 괜찮다.

03 수박볼을 그릇에 담고 슈거파우더를 조금 뿌려서 섞어준다. 수박에서 물이 나오게 한다.

04 레몬이나 라임을 수박 위에 짠다. 수박 한 컵에 레몬주스 한 테이블스푼이면 적당하다.

05 냉장고에 보관했다가 먹기 전에 민트와 오렌지 껍질째 썬 것으로 장식해 준다. 스프라이트나 사이다 대신 클럽소다나 스파클링워터를 조금 넣어줘도 좋다.

푸드포르노 중독자의 고백 꿈에 그리는 영화 속 그 음식

다음을 체크해 보자.

□ 가장 좋아하는 사진은 음식 사진, 가장 좋아하는 프로는 요리 프로다.
□ 요리책 속의 음식 사진이나 광고 속 음식 장면에 매우 까다롭다.
□ 채널을 돌리다가 음식이 나오면 무조건 채널 고정하고 본다. 이미 백번을 봤던 것도 상관없다.
□ 현실은 시궁창이어도 화면이나 사진에 나오는 이국적인 음식들의 이름은 모르는 게 없다.
□ 저 음식이 나에게 지금 당장 먹어달라고 말을 거는 것같이 느껴질 때가 있다.
□ 물방울이 도르륵 굴러 떨어지는 매끈한 복숭아나 가지, 얼음 위에 곱게 누워 있는 아름다운 생선의 사진이나 화면들을 보면 동공이 팽창되고 피가 빨리 도는 기분이다.
□ 한우를 보면 나도 모르게 한우를 홀딱 벗긴 다음 마블링이 눈꽃처럼 내린 꽃등심 부위를 눈앞에 그려보게 되고, 잘생긴 돼지나 새끼 양을 보면 '귀엽다'가 아니라 '맛있겠다'라는 생각을 할 때가 있다.
□ 괴로울 때 언제든 볼 수 있도록 주변에 요리 사진이 가득한 요리책들을 상비하고 있다. 슬프거나 우울한 날에는 아름다운 요리책을 보며 위안을 얻는다.
□ 사진으로만 보던 요리를 실제로 처음 먹게 되어도, 왠지 이 맛이 아닌 것 같은 기분이 든다.
□ 처음에는 화려하게 치장된 요리 사진을 좋아했지만, 지금은 마치 날 위해 차려진 듯 연출되지 않은 자연스러운 쪽을 선호한다.

food porn

□ 금방 밥을 먹고 배가 불러 터질 것 같아도 인터넷으로 음식 사진과 맛집 리뷰를 검색하고 있다.
□ 먹지 못하는 음식도 사진으로만은 침을 줄줄 흘리며 보고 있다.
□ 선호하는 장르와 스타일의 음식 사진이나 요리 프로그램이 있다.

외국 영화에 보면 알코올 중독자들이 강당에 모여 이렇게 이야기를 시작한다. 헬로, 내 이름은 누구누구, 나는 알코올 중독입니다. 위의 항목들에 꽤나 많이 체크를 했다면 당신도 나와 함께 오늘 당당히 고백하자.
하이, 내 이름은 ***? 나는 푸드포르노 중독자입니다.

푸드포르노 **food porn** 는 위키피디아에 따르면 광고나 요리쇼, 요리책 등에 등장하는 눈을 뗄 수 없는 화려한 음식 장면이나 요리 사진들을 일컫는 말이다. 그 외에도 〈나인하프윅스〉에서 미키 루크와 킴 베이싱어가 냉장고 앞에서 벌이던 섹스보다 섹시한 음식장난을 가리키거나, 몸에는 도움이 안 되지만 먹을 때만은 행복한 높은 칼로리와 지방의 정크푸드를 말하기도 하고, 먹고 싶은 욕망을 강하게 불러일으키는 요리를 지칭하기도 한다.

내가 푸드포르노의 길에 들어선 것도 어언 7년이 되어간다고 할 수 있겠다. 영국에 갔을 때 나는 일주일에 하루, 아침부터 저녁까지 요리쇼로 도배되는 채널을 발견했다. 그 후로 나는 이 영국의 TV 요리쇼에 중독되어 버렸다. 그 당시의 나에게 요리 프로그램이란 비행기에서 구명조끼를 입는 법을 알려주는 영상물만큼이나 무미건조한 것이었다. 옆집

아줌마 같은 요리사가 병원같이 티끌 하나 없는 하얀 세트에서 가짜 꽃들과 가짜 창문을 배경으로 미리 잘라놓고 계량해 그릇에 담아놓은 재료를 냄비에 곱게 부어가며 만드는 게 전부였던 것이다. 부지런한 엄마들이나 볼까 말까 한 아줌마 프로그램.

그런데 여기는 달랐다.

요리사라는 어리고 너무 귀여운 남자가 SMEG 냉장고의 민트색 문을 열고는 밭에서 갓 뽑은 것 같은 야채들을 양손 가득 꺼내 온다. 카메라는 그 손을 익스트림 클로즈업쯤으로 쫓는다. 어쩜 그렇게 색깔들이 생생한지 내가 아는 당근은 이 당근이 아닌가 싶다. 리드미컬하게 울리는 도마 소리가 경쾌하게 귓속으로 파고든다. 냄비 뚜껑을 열면 훅 끼쳐오는 스팀이 내 얼굴에 와 닿는 것 같고, 튀김반죽을 기름에 넣을 때는 나까지 조마조마하다. 빨간 비트 물이 든 손가락을 입술에 문지르고 싶기도 하고, 아기 엉덩이같이 잘 발효된 포실한 빵 반죽을 다루는 그 손은 슥 끌어당겨 내 가슴에 갖다 대고 싶다. 가끔은 화면을 핥고 싶다는 생각을 진지하게 한다.

히피 같은 친구들이 버스 가득 아프리카를 여행하면서 강에서 물고기를 잡아다가 바닥에 패대기쳐 애를 기절시키더니 길바닥에서 구워 먹기도 하고, 목소리 걸걸한 비호감의 드센 여자가 나와서는 닥치는 대로 자르고 냄비에 던지며 음식에 대한 애정은 전혀 없는 듯한 모양으로 단 30분 만에 배를 채울 식량을, 그것도 코스로 만들 수 있다며 사이비 종교의 교주처럼 굴기도 한다.

건장한 두 셰프가 운동경기처럼 서로를 견제하며 15분 안에 음식을 만

들어 내느라 온몸이 땀으로 젖고, 그 셔츠 사이로 보이는 팔 근육과 날카롭게 날이 선 칼이 묘한 기운을 뿜는다.
장미향이 날 것 같은 30대 후반의 섹시한 여자가 잠옷 바람으로 방에서 내려와 마음이 외롭다며 한밤중의 야식을 만들어서는 텔레비전 앞 소파에 기대 앉아 먹고 있다. 가끔은 브리스킷을 오븐에 넣어놓고는 목욕을 한다며 사라지기도 한다. 이유 없이 아스파라거스와 당근을 손끝으로 쓰다듬는 것처럼 보일 때도 (너무) 많다. (이 여자는 나이젤라 로슨으로 왠지 모르게 성적인 뉘앙스가 풍기는 그녀의 매너와 풍만한 몸매, 아름다운 얼굴 때문에 영국에서 푸드포르노의 여왕(Queen of food porn)으로 불린다. 하지만 동시에 옥스퍼드대학 영문학과를 졸업한 재원이기도 하다.)

요리책마저도 그렇다. 어떤 요리책에는 생선이 하얀 도마 위에 새색시처럼 누워 있는가 하면, 다른 요리책에서는 축구선수의 허벅지 같은 양다리가 통째로 놓여 있다. 가진 적도 없는 이태리 시골 할머니가 만들어준 것 같은 정 넘치는 음식들이 백 년은 족히 되어 보이는 나무 테이블 가득히 이 빠진 빈티지 접시에 담겨 있다. 이런 게 어릴 적 삼촌방에 몰래 들어갔다가 〈플레이보이〉를 발견한 그런 기분이려나.

생각해 보니 처음으로 진짜가 아닌 음식을 보고 침을 흘렸던 건 어릴 적 텔레비전에서 일요일 아침에 방송해 주던 일본 만화 영화들을 볼 때였던 것 같다. 〈알프스 소녀 하이디〉던가, 〈플란다스의 개〉의 네로던가, 〈빨강머리 앤〉이던가, 아무튼 모든 일본 TV 만화의 주인공들이 하나같

이 마시던 투명한 유리병에 든 우유와 구멍이 송송 뚫린 치즈, 그리고 칼집이 세 줄 들어간 빵 한 덩어리, 이것들이 등장할 때마다 나는 그림인데도 혼자 꿀꺽꿀꺽 침을 삼켰더랬다. 그리고 〈미래소년 코난〉에 등장했음 직한 그 뼈다귀 달린 고깃덩어리는 아직도 내 상상속 최고의 고기. 해적들이 먹는 것처럼 한 손에 들고 우악스럽게 크게 한 입 물어뜯으면 정말 맛있을 것 같잖아. 이걸 보면 아무래도 어릴 적부터 푸드포르노 중독자의 인자가 있었던 게 아닐까 싶다.

마지막으로, 앞으로의 계획을 물어본다면 나는 당당히 커밍아웃까지 한 푸드포르노 중증 중독자로 더욱 열심히 이 세계에 몸담을 예정이라고 답하겠다. 가끔은 진짜로 하는 것보다 상상속의 그것들이 훨씬 아름다울 때가 있지 않던가. 온몸에 밀가루를 뒤집어쓰고 결국 만들어 낸 애플파이의 맛은 어쩌면 실제 그 애플파이의 맛이라기보다는 나의 인내와 노력과 땀과 분노와 쏟은 시간을 정당화하기 위해 나도 모르게 맛있다고 느낀 자위의 맛일지도 모른다.
시대에 길이 남은 영화의 섹스신만큼이나 황홀한 섹스를 했다 해도 결국 끝나고 나면 크리넥스를 찾아야 하는 법. 입 주위를 훔칠 냅킨도, 쌓여 있는 설거지도 없는 환상의 푸드포르노 월드를 버릴 이유, 나는 아무래도 찾을 수가 없는 것이다.

꿈에 그리는 영화 속 그 음식

푸드포르노 이야기를 하자니 영화 속 그 음식을 빼 놓을 수가 없겠다.

〈카모메 식당〉과 〈안경〉은 근래에 푸드포르노 중독자인 나를 가장 힘들게 만든 영화였다. 시나몬롤과 니쿠자가, 오니기리와 랍스터, 맥주와 아침밥, 쉬지도 않고 나온다. 다들 어쩜 그리 오물오물 입을 꼭 다물고 강단지고 맛있게 씹어 덕는지. 〈비밀〉의 아버지가 먹던 흰 쌀밥에 얹은 팔뚝만 한 명란젓은 창피함을 무릅쓰고 "일본에서는 명란젓이 싼가요?"라는 질문을 내 블로그에 올리게 만든 주범. 〈하울의 움직이는 성〉에서 하울이 캘시퍼를 구슬려 만들어 주는 베이컨 에그는 〈플란다스의 개〉 속 유리병에 든 흰 우유와 애니메이션계의 음식 1, 2위를 다툰다. 〈조제, 호랑이 그리고 물고기들〉에서 조제가 구운 생선구이는 한동안 나를 일본식 생선그릴을 사겠다며 여기저기 헤매게 만들었지. 〈음식남녀〉의 오프닝에서 아버지가 하염없이 굽던 베이징덕은 왠지 내가 먹은 베이징덕은 베이징덕이 아닌 것 같다는 생각을 하게 했다. 우울한 날에는 〈식신〉의 오줌싸개완자가 제격이겠지? 사랑을 부르는 일등 음식, 굴은 〈잠수종과 나비〉에서 등장한 장면이 최고였다. 전신마비가 된 주인공이 상상 속에서 여자와 마주앉아 전희를 즐기듯, 애무를 하듯 마셔대던 굴.

스파게티도 다 같은 스파게티가 아니다. 〈라 스트라다〉에서 마토가 줄 위에 차려놓은 스파게티 한 접시, 〈에스토마고〉에서 여자가 주인공 남자를 뒤에 두고 섹스를 하든 말든 내버려둔 채 입에 우겨넣는 파스타 한 접시. 〈대부〉에서 피터 클레멘차가 일장 레시피를 읊으면서 만들던 토마토스파게티 소스, 〈타락천사〉에서 이가흔이 담배를 피우며 먹던 스파게티.

하지만 주윤발이 절름발이가 되어 주차장 구석에 쭈그리고 앉아 톱밥 씹듯 씹어 먹었던 계란볶음밥은 미안하지만 절대 맛보고 싶지 않은 것 중 하나이다. 눈물 젖은 건빵과 비슷하려나. 〈중경삼림〉의 금성무가 입 안에 꾸역꾸역 넣던 파인애플 통조림도 글쎄올시다이다. 〈반지의 제왕〉에서 조금만 먹어도 배부르다는 그 요정의 빵도 사절이다. 배부른 게 억울한 나 같은 사람에게는 저주다. 〈올리버 트위스트〉 속 그 불쌍한 아이가 "더 주세요"라고 말하게 만든 그 포리지도. (왜 영화 속 모든 고아원의 밥은 전부 똑같이 생겼을까.) 하지만 절대 먹고 싶지 않은 것 중 최고봉은 〈로드 트립〉의 프렌치토스트. 손님이 토스트를 돌려보내자 발끈한 (17세기 농부에 가까운 외모의) 요리사는 혓바닥으로 겉을 샅샅이 핥은 다음 팬티 속에 넣고 열 번 흔들어 다시 접시 위에 올려 내보냈었다. 아, 그것만은 제발.

후식으로는 줄리엣 비노쉬가 끓여주는 핫초콜릿과 〈커피와 담배〉의 커피와 담배 사이에서 오락가락할 게 뻔하다. 내 사랑 조니 뎁이 뭘 먹고 싶냐 물으면 〈베니와 준〉에서 '준'에게 다리미로 구워줬던 토스트와 테니스 라켓으로 만든 매시트포테이토를 나에게도 해달라 부탁할 테다.

영화가 아닌 소설이지만 지난 몇 년간 나를 궁금하게 한 메뉴도 하나 있는데, 이 음식은 어찌된 일인지 당최 정체를 알 수 없어 몇 년째 머리에서 떨칠 수가 없다. 소설 〈작은 아씨들〉에서 에이미가 학교에 싸가지고 갔던 '절인 라임'. 18세기 음식에 큰 기대를 걸 순 없지만, 에이미의 학교에서 대유행이었다는 라임피클은 대체 무슨 맛이었을까. 18세기 미국에서 먹던 라임피클에 대해 혹시 아는 바가 있다면 나에게 꼭 제보해 주기 바란다.

물론, 술도 빼놓을 수 없다. 음식은 절대 하나만 고를 수 없지만 술의 경우라면, 딱 한 가지를 자신 있게 고를 수 있다. 〈카사블랑카〉에서 험프리 보가트가 그녀의 눈동자에 건배하며 마시던 샴페인도, 〈007〉(난 다니엘 크레이그는 도저히 인정할 수가 없다)의 '젓지 않고 흔든(shaken, not stirred)' 마티니도, 〈사이드웨이〉의 61년산 슈발 블랑도, 〈동방불패〉에서 이연걸이 마시던 술도, 〈집시의 시간〉 속 흥겨운 우조도 아니다.
내가 궁금한 단 한 가지는, "늘 마시던 것".
이거 정말 마셔보고, 혹은 말해보고 싶다.

index

당신의 레시피